ABITUR-WISSEN BIOLOGIE

Henning Kunze

Zell- und Entwicklungsbiologie

STARK

ISBN 978-3-89449-554-1

www.stark-verlag.de

Inhalt

Fortsetzung siehe nächste Seite

Autor: Dr. Henning Kunze

Vorwort

Liebe Schülerin, lieber Schüler,

Zellen sind die Grundbausteine der Lebewesen und alle Lebensfunktionen sind bereits in ihnen vorhanden. Die **Zellbiologie** berührt daher viele Bereiche der gesamten Biologie. Das erste Kapitel führt auf mikroskopischer und sogar molekularer Ebene in die Zusammenhänge von **Form und Funktion der Zellen** ein. Eine knappe Einführung in den Bau organischer Moleküle und chemischer Bindungstypen liefert die wichtigsten **Grundlagen für das Verständnis von Lebensprozessen** auf molekularer Ebene. Die Inhalte dieses Buches bauen aufeinander auf, zusätzlich bietet Ihnen das Buch durch die Anmerkungen und Seitenhinweise in der **Randspalte** Hilfen für das Verständnis und das selbstständige Erarbeiten von Sachverhalten. Die **schematischen Darstellungen** verdeutlichen die prinzipiellen Zusammenhänge. Durch **präzise Definitionen** und **übersichtliche Zusammenfassungen** werden die grundlegenden Prüfungsinhalte wiederholt.

Wissenschaft ist ein Prozess der Problemerkennung und der Problemlösung. Im modernen Biologieunterricht wird dieser Prozess neben der Vermittlung von Faktenwissen bewusst gemacht. Neben der Einbeziehung der **historischen Entstehung** und Entwicklung unseres heutigen Wissenstandes wird auch die Verdeutlichung der Probleme selbst und deren Lösung angestrebt. Hinweise auf grundlegende **methodische Verfahren** ergänzen diesen Aspekt. Damit bleibt die Schulbiologie kein abstrakter Lernstoff, sondern wird als von Menschen gefundene Einsicht in die Zusammenhänge der Welt der Organismen erfahrbar.

Auch wenn in der **Entwicklungsbiologie** vorwiegend von Fröschen und Fliegen die Rede ist, haben die Erkenntnisse ihrer Entwicklungsprozesse doch eine allgemeinere Bedeutung. Viele dieser Forschungsergebnisse lassen sich in abgewandelter Form sogar auf den Menschen übertragen, wie die jüngsten Erfolge des Klonens von Säugetieren und sogar von menschlichen Embryonen bezeugen. In den letzten Jahren ist der Forschung ein wesentlicher Schritt gelungen, der grundsätzliche Aufklärung darüber brachte, wie die in den Genen verschlüsselten Erbinformationen in die **zeitliche Entwicklung der räumlichen Gestalt** des Organismus umgesetzt werden. Das Kapitel „Die Steuerung der Entwicklungsprozesse“ ist diesem Geschehen gewidmet, es stellt die zugrunde liegenden molekularbiologischen Vorgänge verständlich dar.

Ich wünsche den Leserinnen und Lesern eine hilfreiche und nützliche Lektüre!

H. Kunze

Dr. Henning Kunze

Die Zelle als Grundeinheit des Lebens

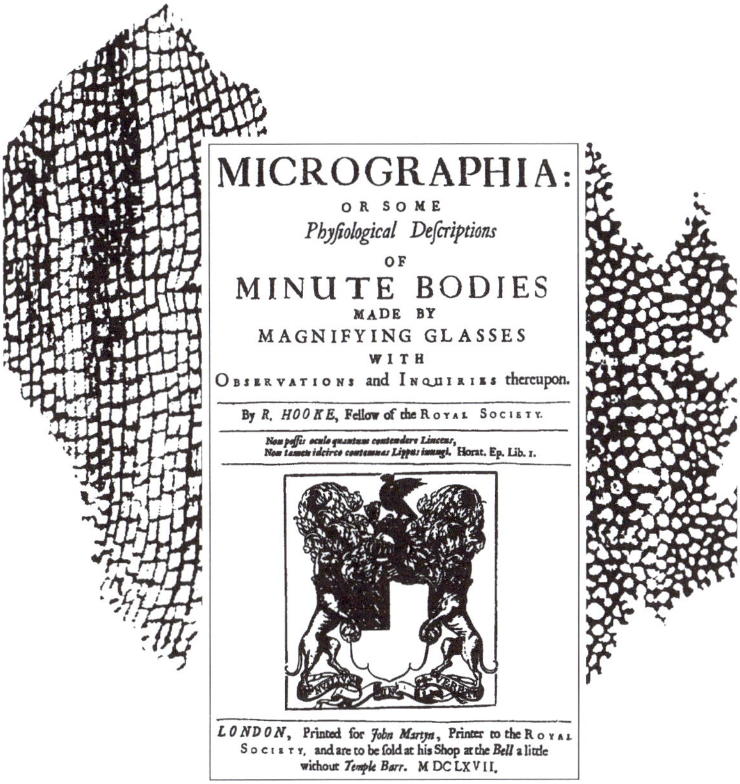

Titelblatt von Robert Hooke's *Micrographia*, 2. Aufl. 1667, in der zum ersten Mal Zellen dargestellt wurden.

„Jede Zelle ist innerhalb gewisser Grenzen ein Individuum, ein selbständiges Ganzes."

Theodor SCHWANN, Mikroskopische Untersuchungen über die Übereinstimmungen in der Struktur und dem Wachstum der Tiere und Pflanzen, 1839; zitiert nach Mägdefrau, K., *Geschichte der Botanik,* Stuttgart 1973, S. 150 bzw. 278

1 Ein Blick in die Geschichte – die Entdeckung der Zelle

Da die meisten Zellen so klein sind, dass sie mit bloßem Auge nicht mehr gesehen werden können, war ihre Entdeckung und Erforschung eng an die Erfindung und Weiterentwicklung des Mikroskops gebunden. Solche Instrumente wurden erstmals im 17. Jahrhundert erfunden, und die ersten Bilder von Zellen (Abb. 1) wurden von dem Engländer Robert HOOKE in seinem 1665 erschienenen Werk *Micrographia* veröffentlicht. Beim Betrachten verschiedener Pflanzenteile unter seinem Mikroskop erkannte er, dass der Pflanzenkörper wie eine Bienenwabe aufgebaut ist. Die Hohlräume nannte er „cells", „pores" oder „boxes". Es gelang ihm auch, die Größe solcher „cells" zu bestimmen: er zählte 60 Stück auf 1/18 inch (= 1,4 mm).

Robert HOOKE (1635 – 1702): Vielseitiger englischer Naturforscher. Neben seinen exakten mikroskopischen Entdeckungen erkannte er auch die Übereinstimmung von Verbrennung und Atmung und trug Grundlegendes zur Gravitationstheorie bei.

Inch: angelsächsisches Längenmaß;
1 Inch = 2,54 cm.

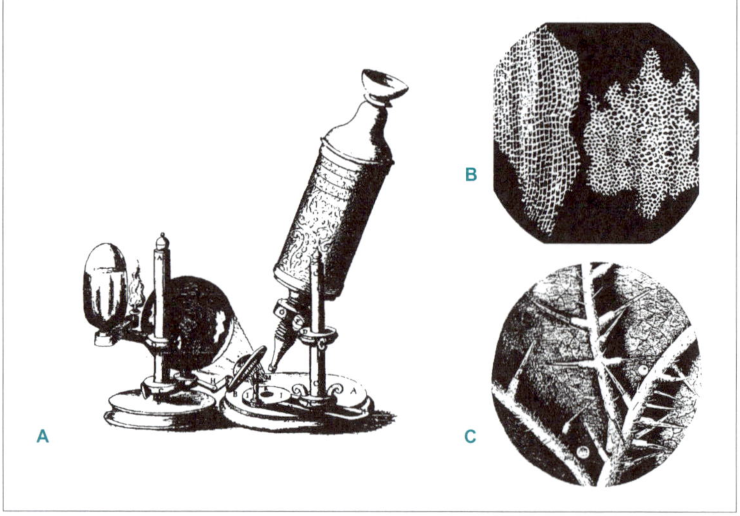

Abb. 1: (A) Hookes Mikroskop und die ersten Bilder von Pflanzenzellen in Hookes *Micrographia*: Schnitte durch Flaschenkork (B) und die Unterseite eines Brennesselblattes (C)

Nach diesen ersten Entdeckungen dauerte es noch fast zwei Jahrhunderte, bis die Bedeutung der Zelle als Grundbaustein aller Lebewesen erkannt wurde. Dem Botaniker Matthias Jacob SCHLEIDEN und dem Zoologen Theodor SCHWANN gelang 1839 der Nachweis, dass sowohl Pflanzen als auch Tiere ausschließlich aus Zellen bestehen. Durch Untersuchung embryonalen Gewebes gelang es SCHWANN sogar zu zeigen, dass selbst Knochen ursprünglich aus zellulärem Gewebe entste-

Matthias Jacob SCHLEIDEN (1804–1881): Professor für Botanik in Jena.

Theodor SCHWANN (1810–1882): Professor für Anatomie in Löwen und Lüttich.

hen. Diese Entdeckungen fassten SCHLEIDEN und SCHWANN zur **„Zelltheorie“** zusammen: die Zelle ist der Grundbaustein aller Lebewesen. Mit der Zelltheorie wurde zugleich ein Beweis für die Einheit des Lebendigen geliefert.

In der Zelltheorie von SCHLEIDEN und SCHWANN (1839) wird erstmals die **Zelle als Grundeinheit** aller Lebewesen erkannt.

In den folgenden Jahren wurde die Zelltheorie durch die Feststellung erweitert, dass alle Eier, sogar die großen dotterreichen Vogeleier, nur eine einzige Zelle darstellen. Das bedeutet, dass auch die vielzelligen Organismen ein einzelliges Stadium durchlaufen, aus dem durch Teilung weitere Zellen entstehen.

Mitose → siehe S. 64 f.

Die Aufklärung des Ablaufs der Zellteilung (Mitose) war eine weitere wichtige Station in der Erforschung der Zelle. Sie stand in den 70er-Jahren des 19. Jahrhunderts im Mittelpunkt des Interesses; aus dieser Zeit stammt auch die heute noch gebräuchliche Gliederung der Kernteilung in Prophase, Metaphase und Anaphase. Dabei löst sich der Zellkern auf, es treten viele anfärbbare Fäden, die Chromosomen, auf und verteilen sich auf die beiden neu entstehenden Zellen. Wie schwierig die Analyse und Deutung der Beobachtungen im Mikroskop war, wird z. B. durch den Irrtum des Zoologen BALBIANI deutlich: 1861 stellte er mit großer Genauigkeit alle Phasen der Kernteilung bei einem Urtierchen dar. Da er nicht wusste, dass das Urtierchen nur aus einer Zelle besteht, interpretierte er den Zellkern als eine Keimdrüse und die Chromosomen als Spermien.

Mit diesen Forschungen gelangte man im 19. Jahrhundert zu dem Ergebnis, dass die Zelle die kleinste lebensfähige Einheit darstellt und dass sie immer aus einer Zelle durch Zellteilung hervorgeht. Die lange Zeit vorherrschende Ansicht, dass Lebewesen jederzeit durch Urzeugung spontan aus Schlamm, schmutziger Wäsche usw. entstehen können, war damit endgültig überwunden. Erste Experimente zur Widerlegung der Urzeugungstheorie wurden bereits 1668 von Francesco REDI in Italien durchgeführt (Abb. 2). Durch eine uns heute einfach erscheinende Versuchsanordnung konnte er nachweisen, dass Fliegen nicht aus faulendem Fleisch entstehen, sondern sich aus vorher von Fliegen abgelegten Eiern entwickeln. Seine Schlussfolgerung *„omne vivum ex ovo“* ist zwar im Prinzip gültig, konnte aber bis vor gut hundert Jahren nicht für Mikroorganismen wie Pilze und Bakterien nachgewiesen werden, da die im Versuch verwendeten Siebe zu große Poren hatten. Erst Louis PASTEUR gelang es in genialen Versuchen, auch für Mikroorganismen eine Urzeugung zu widerlegen (Abb. 2).

omne vivum ex ovo: lat. alles Leben (entsteht) aus dem Ei

Louis Pasteur (1822–1895): Französischer Chemiker und Biologe mit dem Schwerpunkt Mikrobiologie. Seine Erkenntnis, dass Mikroorganismen durch Hitze abgetötet werden, führte zum Verfahren der „Pasteurisierung".

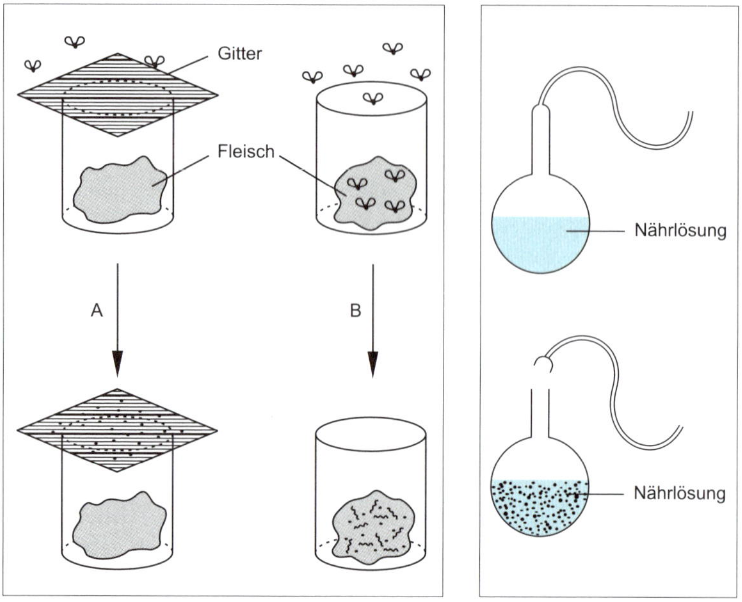

Abb. 2: Versuche von Francesco Redi (links) und Louis Pasteur (rechts) zur Widerlegung der Urzeugungs-Theorie: Mit seinen zwei Ansätzen zeigte Redi, dass sich Fliegen nur in dem nicht durch ein Gitter abgedeckten Gefäß entwickeln (B).
In die von Pasteur entwickelte „Schwanenhalsflasche" können Mikroorganismen trotz der Öffnung nicht eindringen. Die sterile Nährlösung bleibt daher unverändert. Erst die Entfernung des Schwanenhalses führt zur Bildung von Schimmel und Bakterien. Sie sind also von außen eingedrungen.

1.1 Was ist Leben? – Kennzeichen des Lebendigen

Die Zelle als Grundeinheit der Lebewesen bildet die Organisationsstufe, auf der die charakteristischen Eigenschaften des Lebendigen in Erscheinung treten. Kleinere Einheiten wie die Viren bestehen zwar auch aus wichtigen organischen Stoffen wie Proteinen und Nukleinsäuren, ihnen fehlt aber die Organisation der Zelle. Sie haben daher keinen eigenen Stoffwechsel und können sich auch nicht selbst vermehren. Erst die zelluläre Organisation vermag die Lebensprozesse zu verwirklichen. Als solche **Kennzeichen des Lebendigen** gelten:

Epidermis ist das äußere Abschlussgewebe an der Körperoberfläche von Pflanzen und Tieren.

- Lebewesen haben eine charakteristische **Gestalt**, an der man viele Arten auch identifizieren kann. Das gilt auch für Zellen: eine Nervenzelle sieht ganz anders aus als eine Muskelzelle, die Zelle einer Blattepidermis unterscheidet sich deutlich von der Zelle einer Bastfaser. So wie die Gestalt eines Organismus oft einen direkten Bezug zur Funktion zeigt – die Flügelform als Tragfläche, der spindelförmige Fischkörper für die Fortbewegung im Wasser – so ist auch die

Zellform oft direkt auf ihre Funktion bezogen. Nervenzellen haben lange, kabelförmige Fortsätze zur Erregungsleitung, Stützzellen im Pflanzengewebe haben verdickte Zellwände usw.

- Der **Stoffwechsel** dient dem Gewinn zelleigener Substanzen sowie der Energiebereitstellung für die Lebensleistungen der Zelle. Auch im ausgewachsenen Zustand werden ständig Stoffe ausgetauscht, ganze Zellen werden erneuert. In jeder Sekunde sterben in unserem Körper etwa 2,4 Millionen rote Blutkörperchen, die gleichzeitig durch ebenso viele neu gebildete ersetzt werden. Mit der Nahrung wird Energie aufgenommen und für die Lebensprozesse nutzbar gemacht. Da Organismen ständig im Stoff- und Energieaustausch mit ihrer Umwelt stehen, werden sie als **offene Systeme** bezeichnet.

offene Systeme → siehe S. 42 ff.

- Die Neubildung von Zellen bedeutet **Vermehrung** durch Zellteilung und dabei die Weitergabe der Erbsubstanz. Die Grundlage der **Vererbung** bildet die in den Genen enthaltene Erbsubstanz, die DNA. Durch das an die Teilung anschließende **Wachstum** erreicht die neue Zelle wieder die ursprüngliche Größe.

Die **DNA** oder **D**esoxyribo**n**ukleinsäure ist die Grundsubstanz der Vererbung („A" von engl. *acid* Säure). Die DNA ist ein Makromolekül, das die Erbinformation in codierter Form enthält und sich zudem identisch verdoppeln kann.

- **Bewegung** und **Reizempfindlichkeit** sind ebenfalls charakteristische Eigenschaften des Lebendigen. Vielfach sind ganze Zellen zur Fortbewegung befähigt. Nicht nur Wechseltierchen (Amöben) können sich aktiv bewegen, auch in unserem Körper gibt es viele Zellen, die sich frei fortbewegen. So können die weißen Blutkörperchen durch Poren in den Aderwänden schlüpfen und eingedrungene Bakterien direkt vor Ort aufnehmen und vernichten. Dabei werden sie von chemischen Signalen geführt. Bewegungen finden aber vor allem auch innerhalb der Zelle statt: als Muskelbewegung und Plasmaströmung oder bei der Chromosomenverteilung in der Kernteilung.
- Alle heute existierenden Lebewesen sind das Ergebnis einer Milliarden Jahre langen Entwicklung, der **Evolution**. Auch die Zelle hat sich im Laufe der Evolution aus der Prozyte, wie sie bei Bakterien bis heute erhalten ist, bis zu den komplexen Zellen höherer Pflanzen und Tiere, den Euzyten, entwickelt.

Evolution ist die Entstehung von neuen Eigenschaften und Lebensformen im Laufe der Stammesgeschichte.

Prozyte → siehe S. 57 f.

Euzyte → siehe S. 57 f.

1.2 Methodischer Exkurs: Licht- und Elektronenmikroskop

Die Erforschung des Feinbaus der Zelle ist eng an die Weiterentwicklung des Mikroskops gebunden. So hat z. B. SCHLEIDEN, einer der Väter der Zelltheorie, den jungen Carl ZEISS angeregt, eine Firma für optische Geräte zu gründen, die dann wesentlich zur Verbesserung der Mikroskope beigetragen hat. Im 20. Jahrhundert kam als Neuerung das Elektronenmikroskop hinzu, das keine Licht- sondern Elektronenstrahlen verwendet und damit Vergrößerungen bis zum 300 000fachen erreicht.

Das Lichtmikroskop (LM)

Ein mit dem Auge wahrgenommener Gegenstand wird zunächst auf der Netzhaut abgebildet. Für das Erkennen von Strukturen ist dabei das Auflösungsvermögen wichtig, d. h. die Fähigkeit, zwei getrennte Punkte noch getrennt wahrnehmen zu können. Je größer ein Gegenstand ist bzw. je näher er sich dem Betrachter befindet, umso größer ist auch der Sehwinkel und damit das Bild auf der Netzhaut. Das Auge kann allerdings nur bis etwa 10 cm Entfernung (bei Jugendlichen) einen Gegenstand scharf abbilden. Um noch nähere Objekte scharf sehen zu können, muss man eine Sammellinse vorschalten (Abb. 3). Dadurch kann auch bei kleinen Gegenständen ein genügend großer Sehwinkel erreicht werden.

Eine **Sammellinse** bündelt das einfallende Licht auf einen Punkt (Brennpunkt).

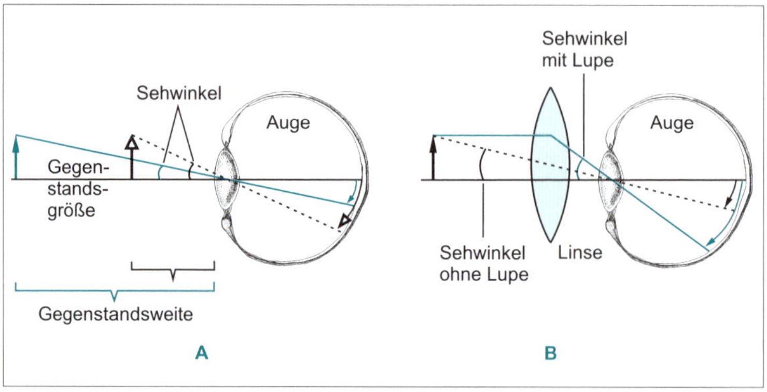

Abb. 3: (A) Abbildungsgröße und Sehwinkel beim menschlichen Auge; (B) Veränderung des Sehwinkels durch eine vorgeschaltete Linse

Das Lichtmikroskop verwendet zwei hintereinander geschaltete Linsensysteme, die jeweils wie eine Lupe wirken. Das dem Objekt zugewandte Linsensystem, das Objektiv, liefert ein vergrößertes Bild des Gegenstands, das dann vom zweiten Linsensystem, dem Okular, noch einmal vergrößert wird. Wenn das Objektiv eine 10fache Vergrößerung hat und das Okular eine 5fache, dann ergibt sich eine Gesamtvergrößerung von 5 · 10 = 50fach. Da das Okular nur das vom Objektiv gelieferte Bild vergrößert, ist für die förderliche Vergrößerung die Qualität des Objektivs ausschlaggebend.

nm: Nanometer = 10^{-9} m

Mit dem Lichtmikroskop lässt sich ein Objekt nicht beliebig vergrößern, die Grenze einer sinnvollen Vergrößerung liegt beim 2 000fachen. Die damit erreichte Auflösung beträgt bestenfalls 200 nm. Diese Grenze hängt mit der Wellenlänge des sichtbaren Lichts zusammen. Das sichtbare Licht besteht aus elektromagnetischen Wellen mit Wellenlängen zwischen 400 und 800 nm. Bei einem guten Lichtmikroskop liegt das Auflösungsvermögen etwa im Bereich der halben Wellenlänge (Abb. 6).

Das Elektronenmikroskop (EM)

Die **Kathode** ist eine negative, d. h. Elektronen abgebende Elektrode.

Die **Anode** ist eine positiv geladene Elektrode.

Die mit der Wellenlänge des sichtbaren Lichts gegebene physikalische Grenze des Auflösungsvermögens im Lichtmikroskop kann dadurch überwunden werden, dass man Strahlung mit kürzeren Wellenlängen verwendet. An einer durch hohe Spannung auf Weißglut erhitzten Kathode werden im Elektronenmikroskop Elektronenstrahlen erzeugt. Diese Strahlen treten durch eine ringförmige Anode hindurch und durchstrahlen dann ähnlich wie beim Lichtmikroskop das Objekt und anschließend das Linsensystem. Als „Linsen" wirken hier elektromagnetische Felder von ringförmigen Elektromagneten, da Glaslinsen die Elektronenstrahlen absorbieren würden. Selbst die Gasmoleküle der Luft würden die Strahlung beeinflussen; das Elektronenmikroskop arbeitet daher mit einem Hochvakuum. Das so erzeugte Bild kann auf einem Bildschirm betrachtet werden. Moderne Geräte haben ein Auflösungsvermögen von 0,2–0,3 nm, erreichen also eine etwa 1 000-fache Steigerung gegenüber dem Lichtmikroskop; das 300 000fache stellt die maximale förderliche Vergrößerung dar. Das hier beschriebene Elektronenmikroskop durchstrahlt das Objekt, es wird daher als **Transmissions-Elektronenmikroskop** (TEM) bezeichnet.

Im Licht- und Transmissionselektronenmikroskop werden die Objekte durchstrahlt. Das bedeutet, dass sie einerseits dünn genug sein müssen, um die Licht- und Elektronenstrahlen durchzulassen, andererseits aber auch genügend Kontrast besitzen müssen, damit Strukturen erkennbar werden. Beim Lichtmikroskop genügt es, dünne Schnitte entweder mit der Hand oder mit dem Mikrotom herzustellen, die anschließend mit verschiedenen Farbstoffen differenziert angefärbt werden können.

Ein **Mikrotom** ist ein Gerät zur Herstellung von dünnen Schnitten für die Mikroskopie.

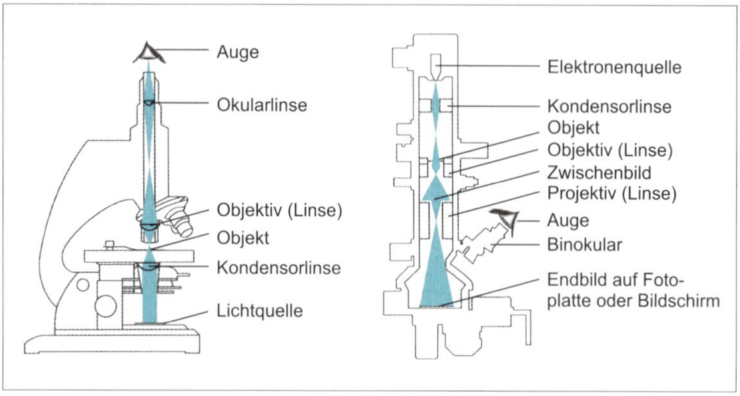

Abb. 4: Vergleich der Bildentstehung im Lichtmikroskop und im Elektronenmikroskop

Organell → siehe S. 29

Für die elektronenmikroskopische Untersuchung müssen die Präparate sehr dünn geschnitten werden; man verwendet Ultramikrotome mit Glas- oder Diamantmessern, die Schnittdecken bis zu 50 nm ermöglichen. Eine Kontrasterhöhung der Strukturen im Dünnschnitt wird durch die Behandlung mit Schwermetallverbindungen erreicht, die eine unterschiedliche Durchlässigkeit der Zellinhaltsstoffe für die Elektronen bewirken. Eine wichtige Technik zur Darstellung von Zell- und Organellstrukturen im Elektronenmikroskop ist die Gefrierbruchtechnik. Dabei werden die Zellen in flüssigem Stickstoff tiefgefroren und anschließend nicht glatt geschnitten, sondern mit dem Messer aufgebrochen. Nach Bedampfen der Oberfläche mit Platin vermitteln die Bilder solcher Gefrierbruchpräparate einen plastischen Eindruck der Bruchoberfläche (Abb. 5).

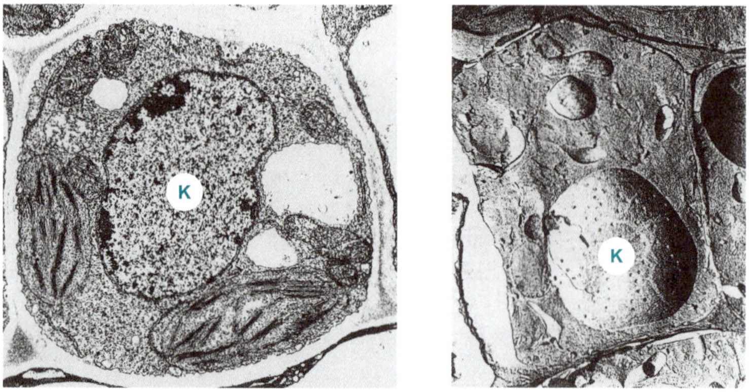

Abb. 5: Pflanzenzellen im Elektronenmikroskop: Ultradünnschnitt (links) und Gefrierbruchpräparat (rechts). Besonders der große Zellkern (K) erscheint rechts viel plastischer als links.

SEM: von engl. **s**canning **e**lectron **m**icroscope

Im Gegensatz zum Transmissionselektronenmikroskop kann man mit dem **Raster-Elektronenmikroskop** (REM bzw. SEM) die Oberfläche undurchsichtiger Gegenstände vergrößern. Das Objekt wird dazu mit Metall bedampft (meistens Gold), das dann vom Elektronenstrahl abgetastet – „gescannt" – wird. Auch hier lassen sich nur tote Objekte untersuchen. Das Ergebnis von REM-Untersuchungen sind eindrucksvolle Bilder von Mikrostrukturen, die eine enorme Tiefenschärfe besitzen.

In den letzten Jahren sind weitere Mikroskoptypen entwickelt worden, deren Prinzip auf einem Abtasten der Oberfläche beruht. Das **Rasterkraftmikroskop** registriert die zwischen einer Sonde und den Atomen des Präparats auftretenden Anziehungs- und Abstoßungskräfte. Die Messungen werden im Computer zu einer Bilddarstellung verrechnet. Mit dem Rasterkraftmikroskop ist es möglich, auch lebende Objekte zu untersuchen, wobei Objekte bis unter 1 nm Größe erfasst werden können. Dadurch sind sogar Molekülstrukturen und Stofftransporte auf molekularer Ebene darstellbar.

µm: Mikrometer = 10^{-6} m; µ (gesprochen *mü*) ist der griechische Buchstabe m.

nm → siehe S. 7

Å: Ångström-Einheit = 10^{-10} m; benannt nach dem schwedischen Astrophysiker A. J. Ångström

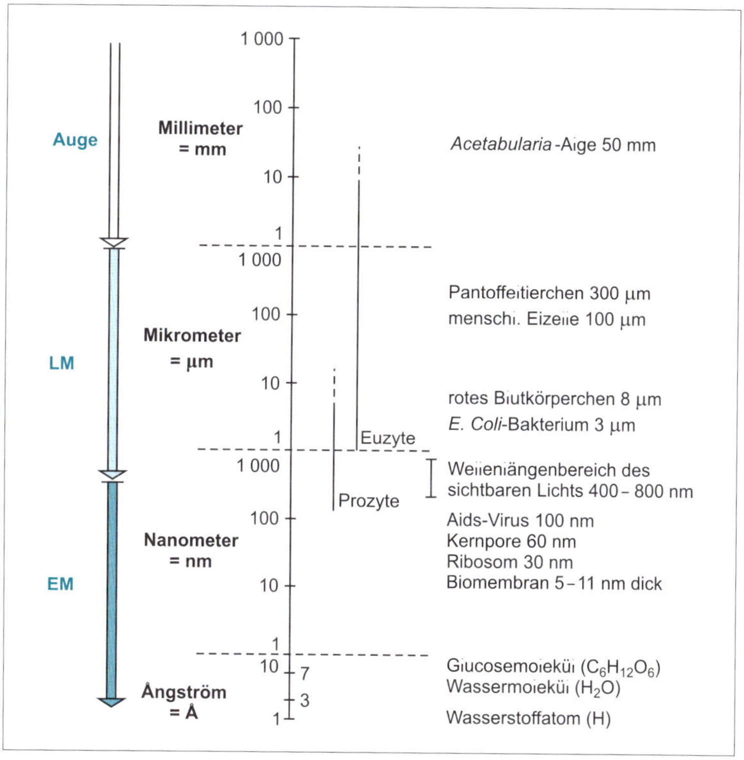

Abb. 6: Tabellarischer Vergleich des Auflösungsvermögens von Auge, Licht- und Elektronenmikroskop (logarithmische Darstellung).

2 Der Feinbau der Zelle

2.1 Das lichtmikroskopische Bild der Zelle

Den Aufbau einer typischen **Pflanzenzelle** zeigen die Abbildungen 7 und 8. Im Lichtmikroskop erkennt man folgende Strukturen:

Kohlenhydrat
→ siehe S. 16 ff.

Die **Zellwand** umgibt die ganze Zelle. Sie ist mehrschichtig und besteht vorwiegend aus Cellulose, einem Kohlenhydrat, das aus kettenförmig miteinander verbundenen Traubenzuckermolekülen aufgebaut ist. Die Zellwand ist totes Material und verleiht der Zelle ihre Form und Festigkeit. Sie wird von dem lebenden Inhalt der Zelle nach außen abgeschieden. Die beim Wachstum der Zelle zuerst gebildete Schicht der Zellwand liegt daher ganz außen in der Mittellinie zwischen zwei Zellen. Man nennt sie die Primärwand. Anschließend abgelagerte Schichten schließen sich dann nach innen an (Sekundärwand).

Zellmembran
→ siehe S. 24 ff.

Chloroplasten sind die Zellorganellen, die Chlorophyll enthalten. In ihnen findet die Fotosynthese statt.

Der lebende Zellinhalt wird als **Protoplast** bezeichnet, er besteht aus dem von einer Zellmembran umgebenen **Zytoplasma** (vereinfacht: Plasma) und dem Zellkern. Im Lichtmikroskop erkennt man außerdem feine Körner im Plasma, deren genaue Struktur nur im EM zu erkennen ist. Das Plasma ist häufig in fließender Bewegung (Plasmaströmung), dabei werden auch die großen Zellorganellen wie Zellkern und Chloroplasten mitgeschleppt. Der **Zellkern** ist an seiner relativ großen scheibenförmigen Gestalt meistens gut zu erkennen.

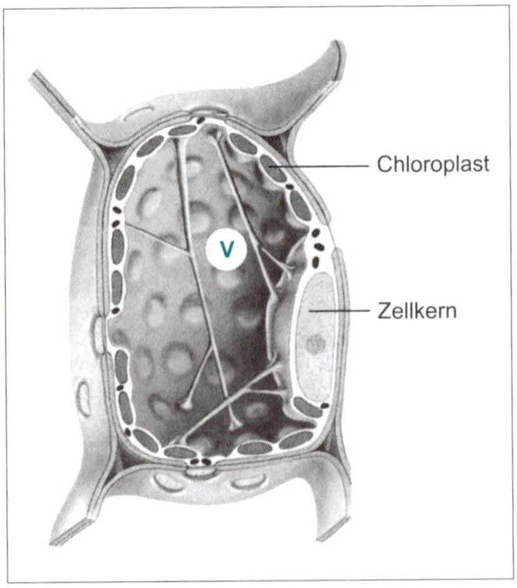

Abb. 7: Lichtmikroskopisches Bild einer ausgewachsenen Pflanzenzelle. Die große Zentralvakuole (V) ist von mehreren Plasmafäden durchzogen.

Er hat zwei wichtige Aufgaben: er speichert die Erbinformation und kontrolliert die Vorgänge in der Zelle. Ebenfalls deutlich zu erkennen sind die **Chloroplasten**, die als grün gefärbte Scheibchen in großer Anzahl im Plasma liegen. Die Grünfärbung beruht auf ihrem Gehalt an Chlorophyll, mit dessen Hilfe die Pflanzen die Lichtenergie für den Betrieb der Fotosynthese aufnehmen. Die Chloroplasten sind also die eigentlichen Stätten der Fotosynthese.

Chlorophyll ist der grüne Farbstoff in den Chloroplasten der Pflanzen. Bei der Fotosynthese nimmt es Lichtenergie auf und wandelt sie in chemische Energie um.

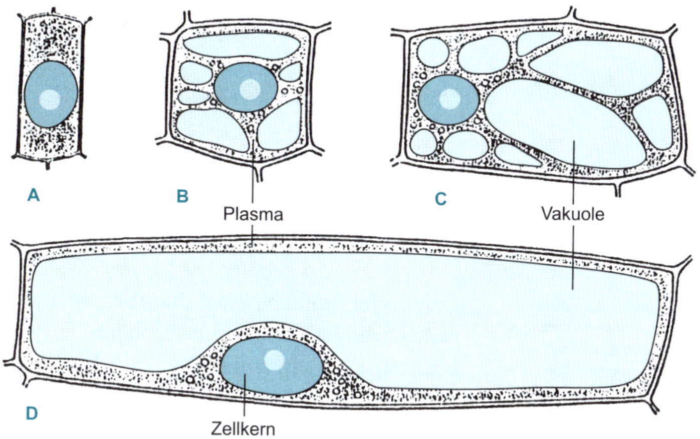

Abb. 8: Entwicklung einer Pflanzenzelle (Zwiebelepidermis). Im Laufe des Zellwachstums wird die Zellwand stärker und im Zellinneren bilden sich zellsaftgefüllte Vakuolen (B/C), die sich zu einer großen Zentralvakuole zusammenschließen (D).

Als letztes lichtmikroskopisch gut zu erkennendes Element findet sich die **Vakuole**, die in der ausgewachsenen Pflanzenzelle sogar den größten Raum einnimmt. Sie ist von Zytoplasma umgeben und angefüllt mit einer wässrigen Lösung, dem Zellsaft. Oft ist der Zellsaft angefärbt und bewirkt z. B. die Färbung vieler Blüten; die Rotfärbung von Kirschen oder roten Rüben beruht auf der Zellsaftfärbung durch Anthocyan. Bei den „Blut"-Varianten einiger Baumarten (Blutbuche, Blutahorn) ist die Zellsaftfärbung in den Blättern so stark, dass sie das Grün der Chloroplasten überdeckt.

Im Unterschied zur Pflanzenzelle besitzt die **tierische Zelle** keine Zellwand. Sie wird außen nur von der feinen Plasmamembran abgeschlossen und ist dadurch in ihrer Form leichter veränderlich. Viele tierische Zellen sind sogar zu fließender Bewegung befähigt, wie die Amöben oder die Blutzellen in unserem Körper (Abb. 9). Bis in den Zellaufbau hinein zeigt sich damit ein wesentlicher Unterschied zwischen Pflanze und Tier: der Ortsgebundenheit der Pflanze steht die freie Bewegungsmöglichkeit des Tieres gegenüber.

Weitere Unterschiede gegenüber der Pflanzenzelle sind das Fehlen von Chloroplasten und von großen Zentralvakuolen. Das lichtmikroskopische Bild der tierischen Zelle ist daher einfacher als das der Pflanzenzelle.

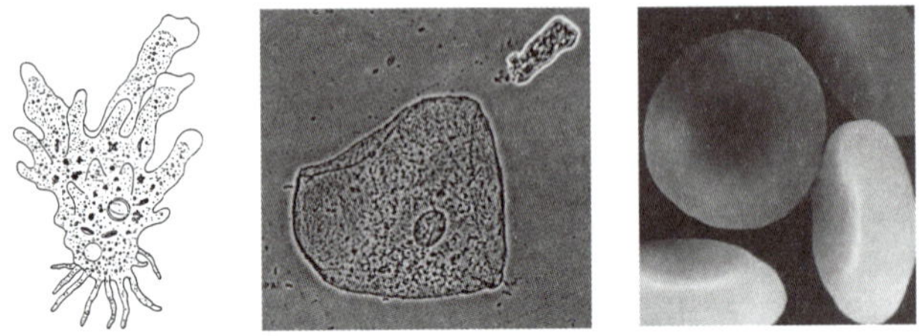

Abb. 9: Beispiele tierischer Zellen: Amöbe (A), Mundschleimhautzelle (B) und rotes Blutkörperchen (C)

Bakterien sind einzellige, ca. 1 µm große Mikroorganismen. Sie sind Prokaryoten, d. h. sie besitzen keinen echten Zellkern. Man unterscheidet heute zwei große Gruppen: die Archaebakterien und die Eubakterien.

→ siehe S. 57

Einen viel einfacheren Zellaufbau besitzen die Bakterien und Blaualgen (Cyanobakterien). Insbesondere fehlt ihnen ein Zellkern. Das Erbmaterial liegt als einfaches DNA-Molekül im Plasma. Bakterien sind die ältesten Lebewesen, sie wurden fossil schon in 3,5 Milliarden Jahre alten Gesteinen nachgewiesen. Die einfach gebaute Bakterienzelle wird daher als **Prozyte** bezeichnet, im Unterschied zur **Euzyte** der Pflanzen, Pilze und Tiere.

Prozyte, Euzyte

→ siehe S. 58

Die **Prozyte** ist ein Zelltyp ohne Zellkern und ohne Zellorganellen mit doppelter Hüllmembran. Sie ist nur bei Bakterien (zu denen auch die Blaualgen gehören) anzutreffen. Diese Organismen bezeichnet man als Prokaryoten. Bei der **Euzyte** sind dagegen der Zellkern und andere Organellen von Membranen umschlossen. Alle Pflanzen, Pilze und Tiere sind aus Euzyten aufgebaut und werden daher zusammenfassend als Eukaryoten bezeichnet.

Über die hier dargestellten Eigenschaften hinaus gibt es eine Reihe von Zellbestandteilen, die mit dem Lichtmikroskop nicht mehr untersucht werden können, sondern elektronenoptische Techniken erfordern. Es sind Organellen, die jeweils spezielle Funktionen übernommen haben, so wie Organe in einem vielzelligen Organismus sich auf Atmen, Verdauen, Sinneswahrnehmungen spezialisiert haben. Die Analyse dieser Organellen führt zugleich in die molekularen Dimensionen ein. Der folgende Abschnitt gibt daher zunächst einen Überblick über die wichtigsten Stoffe der lebenden Zelle.

2.2 Exkurs: Moleküle des Lebens – ein Blick in die Chemie der Zelle

Folgende Tabelle zeigt die durchschnittliche chemische Zusammensetzung einer Bakterienzelle:

Chemische Bestandteile	Anteil am Gesamtgewicht der Zelle (%)	Anzahl verschiedener Typen
Wasser	70	1
Anorganische Ionen	1	20
Einfache Zucker (inkl. Vorformen)	3	200
Aminosäuren	0,4	100
Nukleotide	0,4	200
Lipide	2	50
Andere kleine organische Moleküle	0,2	~200
Makromoleküle: Proteine, Nukleinsäuren, Polysaccharide	22	~5 000

Tab. 1: Chemische Bestandteile einer Bakterienzelle

Polymerisation ist die Bildung von Makromolekülen durch die Verbindung vieler gleicher oder ähnlicher kleiner Moleküle (Monomere).

Gemeinsames Kennzeichen aller **organischen Verbindungen** ist ihr Gehalt an Kohlenstoff. Man hat daher die organische Chemie auch als Chemie der Kohlenstoffverbindungen bezeichnet.

Die kleinste Einheit einer Verbindung ist das **Molekül**, so wie die kleinste Einheit eines chemischen Elements das **Atom** ist.

Neben dem großen Anteil von Wasser fallen als zweiter Hauptposten die **Makromoleküle** ins Gewicht. Makromoleküle entstehen durch Zusammenlagerung („Polymerisation") von vielen kleinen Einzelmolekülen zu großen kettenförmigen oder komplizierter gestalteten Molekülen. In der Tabelle sind hier die drei Gruppen Proteine, Nukleinsäuren und Polysaccharide zusammengefasst.
Die wichtigsten kleinen organischen Verbindungen, die die Bausteine der Makromoleküle bilden, kann man in vier Gruppen einteilen: einfache Zucker, Fettsäuren, Aminosäuren und Nukleotide. Jede dieser Gruppen enthält viele verschiedene Mitglieder, die aber jeweils übereinstimmende chemische Eigenschaften haben.

Verbindung / Chemische Bindung

Eine **Verbindung** ist ein Stoff, der aus zwei oder mehreren Elementen besteht, die miteinander chemisch verbunden sind. Die Bindung zwischen den Atomen eines Moleküls entsteht dadurch, dass jeweils zwei Atome sich gemeinsame Elektronen miteinander teilen. Jeder Bindungsstrich in der Strukturformel steht also für ein solches Paar von **Bindungselektronen**. Die Anzahl der Bindungen, die ein Atom mit anderen Atomen eingehen kann, hängt von der Anzahl der Elektronen in seiner äußeren Schale ab. Durch die Verbindung wird ein energieärmerer und damit stabilerer Zustand erreicht als in der getrennten Situation. Mit den gemeinsamen Bindungselektronen füllt jedes Atom einer Verbindung seine äußere Elektronenschale so auf, dass sie diesen energieärmeren Zustand erreicht. Beim Wasserstoff ist nur eine Elektronenschale mit einem Elektron besetzt, diese Schale erreicht mit zwei Elektronen die stabile Besetzung. Wasserstoff geht daher mit anderen Atomen eine Einfachbindung ein, durch das gemeinsame Elektronenpaar ist seine Schale energetisch stabilisiert. Bei den allermeisten anderen Elementen, die in der Chemie des Lebens von Bedeutung sind, enthalten zwei Schalen Elektronen, wobei die äußere mit acht Elektronen die stabile Besetzung erreicht. Je nach Anzahl eigener Elektronen in der äußeren Schale gehen diese Elemente also Bindungen ein, die diese Schale auf acht Elektronen auffüllen. Der Kohlenstoff besitzt z. B. vier eigene Elektronen in der äußeren Schale, er benötigt vier weitere und erhält sie durch entsprechende Paare von Bindungselektronen.

Elektronegativität ist ein Maß der Anziehungskraft eines Atoms für ein Elektron. In einer Bindung zwischen zwei Atomen werden die Elektronen stärker zu dem Atom mit der größeren Elektronegativität hingezogen.

Da die verschiedenen Elemente aber eine unterschiedlich starke Anziehungskraft **(Elektronegativität)** für Elektronen haben, können die Bindungselektronen unterschiedliche Positionen einnehmen:

- Bei mehr oder weniger gleich starker Elektronegativität beider Atome sind die Bindungselektronen beiden gleich zugeordnet – man spricht von einer unpolaren **kovalenten Bindung**.
- Bei ungleich starker Elektronegativität beider Atome verschiebt sich der Aufenthaltsort der Bindungselektronen mehr oder weniger zu dem stärker elektronegativen Partner, die kovalente Bindung wird **polar**, da das eine Atom etwas negativen Ladungsüberschuss erhält, das andere positiven (sogenannte Teilladungen).
- Wenn ein Atom beide Bindungselektronen ganz zu sich hinüberzieht, also eine wesentlich höhere Elektronegativität besitzt als das andere, dann entsteht die **Ionenbindung**: beide Teilchen sind elektrisch geladen und ziehen sich dadurch an.

Die in polaren Verbindungen auftretenden Ladungsverhältnisse bezeichnet man als **Teilladungen** (Partialladungen).

Ein **Ion** ist ein durch Aufnahme /Abgabe von Elektronen negativ /positiv geladenes Atom oder Molekül.

unpolare kovalente Bindung, z. B. zwischen Wasserstoff- und Kohlenstoff-Atom: Die Bindungselektronen befinden sich in der Mitte zwischen beiden Atomen.	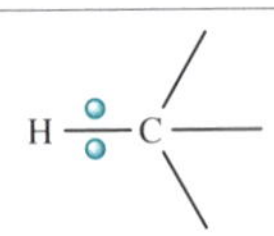
polare kovalente Bindung, z. B. im Wassermolekül: Die Bindungselektronen sind zum Sauerstoff-Atom hin verschoben.	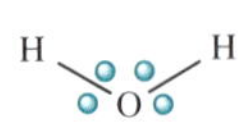
ionische Bindung, z. B. im Kochsalz:	Na^+ ○ Cl^-

Tab. 2: Beispiele für die chemischen Bindungstypen. ○ Bindungselektronen

Wasser

Das Wassermolekül spielt eine große Rolle für Lebewesen: es ist Lösungs- und Transportmittel, bewirkt den Innendruck in Pflanzenzellen (Turgor), ermöglicht chemische Reaktionen der in ihm gelösten Stoffe und ist wichtig für die Wärmeregulation. Viele dieser Eigenschaften werden verständlich auf der Grundlage seines polaren Molekülbaus.

Turgor → siehe S. 49

Die polare Bindung bewirkt, dass Wassermoleküle einen elektrisch positiv und einen elektrisch negativ geladenen Pol besitzen, man bezeichnet sie daher als **Dipole** (Abb. 10). Die Folge davon ist, dass sich Wassermoleküle gegenseitig anziehen, sodass sich die negative Sauerstoffseite eines Moleküls an die positive Wasserstoffseite eines anderen anlagert. Man bezeichnet diese – chemisch gesehen – schwache Bindung als **Wasserstoffbrücke**.

Sie führt dazu, dass im flüssigen Zustand des Wassers viele Moleküle miteinander zu Gruppen („clustern“) vereint sind; insgesamt bewirken die Wasserstoffbrückenbindungen einen starken Zusammenhalt der Wassermoleküle: die **Kohäsion**. Sie spielt eine große Rolle beim Wassertransport in Pflanzen: hier wird der Wasserstrom von den Wurzeln bis zur Spitze der Pflanze im Wesentlichen durch die Transpiration in den Blättern hinaufgezogen. Nur durch die Kohäsion der Teilchen ist es möglich, dass die Wassersäule selbst in über 100 m hohen Bäumen nicht abreißt.

Als **Dipol** bezeichnet man ein nach außen neutrales Molekül, in dem die Schwerpunkte der positiven und der negativen Ladung räumlich mehr oder weniger getrennt sind und daher zwei Pole bilden. Der Dipolcharakter von Molekülen hängt mit der unterschiedlich starken Elektronegativität der im Molekül verbundenen Elemente zusammen.

Cluster: engl. zusammenhängende Menge von Einzelteilen, Zusammenballung

Unter **Kohäsion** versteht man den Zusammenhalt gleichartiger Moleküle, wie er z. B. durch Wasserstoffbrücken zustande kommt.

Transpiration ist die Wasserabgabe durch Verdunstung bei Pflanzen.

Wasserstoffbrückenbindungen können sich zwischen Dipolmolekülen bilden. Die positive Teilladung des Wasserstoff-Atoms eines Moleküls wird dabei von der Zone der negativen Teilladung eines anderen Moleküls angezogen. Die Stärke dieser Bindung beträgt nur etwa ein 20stel einer kovalenten Bindung.

Eine weitere auch biologisch wichtige Folge des Dipolcharakters ist die **Oberflächenspannung** des Wassers. Aufgrund der Wasserstoffbrücken bildet Wasser eine „Haut“ an seiner Oberfläche, auf der sich sogar kleine Tiere wie der Wasserläufer ohne einzusinken bewegen können.

Auch der Abkühlungseffekt beim Schwitzen ist eine Folge der Clusterbildung der Wassermoleküle. Wasser besitzt von allen bekannten Flüssigkeiten die höchste Verdampfungswärme, d. h. es benötigt viel Wärmeenergie, um vom flüssigen in den gasförmigen Aggregatzustand überzugehen. Beim Schwitzen wird diese Wärme der Umgebung entzogen, wodurch Abkühlung erzielt wird. Der Grund für die hohe Verdampfungswärme des Wassers ist der Energieaufwand für das Aufbrechen der Wasserstoffbrückenbindungen.

Als **Dissoziation** bezeichnet man die Bildung frei beweglicher Ionen aus einer sich in Wasser lösenden Ionensubstanz, z. B. einem Salz.

Im Wasser umgeben sich Ionen und polare Moleküle mit einer Hülle aus Wassermolekülen, der **Hydrathülle**. Der Vorgang wird als **Hydratation** bezeichnet.

Salze dissoziieren in wässriger Lösung in Ionen, also geladene Teilchen. Auch hier wirkt sich die Polarität des Wassermoleküls so aus, dass die Ionen die Wasserdipole anziehen und als Hydrathülle um sich herum lagern. Durch die Hydrathülle sind Ionen in Lösung viel größer als im ungelösten, kristallisierten Zustand. Wie Salze können im Wasser alle Stoffe mit polaren Eigenschaften gelöst werden, da sich die Wasserteilchen an sie anlagern können. Man bezeichnet sie daher als **hydrophil** oder wasserliebend. Unpolare Verbindungen, wie z. B. Fette und Öle, sind dagegen **hydrophob** oder wasserabstoßend. Hydrophobe Stoffe werden oft auch als lipophil, also fettliebend, bezeichnet.

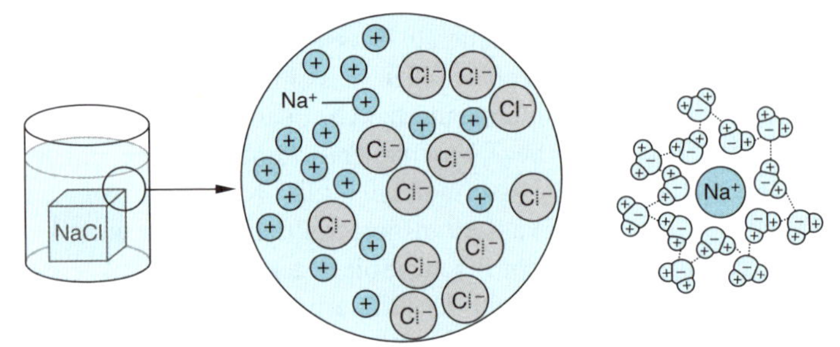

Abb. 10: Bei der Auflösung von Kochsalz in Wasser dissoziieren das Na^+-Ion und das Cl^--Ion und es bilden sich Hydrathüllen um sie herum. Die einzelnen Wassermoleküle sind dabei durch Wasserstoffbrückenbindungen verbunden.

Hydrophile Stoffe sind aufgrund ihres polaren Molekülbaus wasserlöslich. Unpolare Stoffe stoßen dagegen Wasser und andere polare Moleküle ab und lösen sich nicht in ihnen, sie sind **hydrophob**.

Kohlenhydrate

Kohlenhydrate sind organische Verbindungen mit der allgemeinen Summenformel $C_x(H_2O)_y$, x und y als ganze Zahlen gedacht. Die Summenformel besagt allerdings nicht, dass in Kohlenhydraten Wasser enthalten ist, sondern dass Wasserstoff und Sauerstoff im selben Mengenverhältnis wie im Wassermolekül vorkommen. Zu den Kohlenhydraten zählen Zucker, Stärke und Cellulose. Dabei bilden die einfachen Formen wie z. B. Glucose mit einem Gerüst von sechs Kohlenstoffatomen die Bausteine von makromolekularen Verbindungen wie Stärke und Cellulose. Demgemäß unterscheidet man Einfachzucker oder Monosaccharide, die nur aus einem Molekül bestehen,

Disaccharide aus zwei Einfachzucker-Molekülen und Polysaccharide aus vielen Monosaccharid-Bausteinen.

Das bekannteste und am weitesten verbreitete Monosaccharid ist die **Glucose** (Traubenzucker). Sie ist das Primärprodukt der Fotosynthese und bildet damit die wichtigste Energiequelle für Pflanzen, Tiere und Menschen. Glucose hat die Summenformel $C_6H_{12}O_6$, wobei das Molekül ketten- oder ringförmig gestaltet sein kann. Da im Molekül einige OH-Gruppen enthalten sind, hat es polare Eigenschaften und ist gut in Wasser löslich.
Der Fruchtzucker **(Fructose)** hat die gleiche Summenformel wie die Glucose, bildet aber in der Ringform des Moleküls meistens nur mit 4 C-Atomen und dem O-Atom einen Ring.

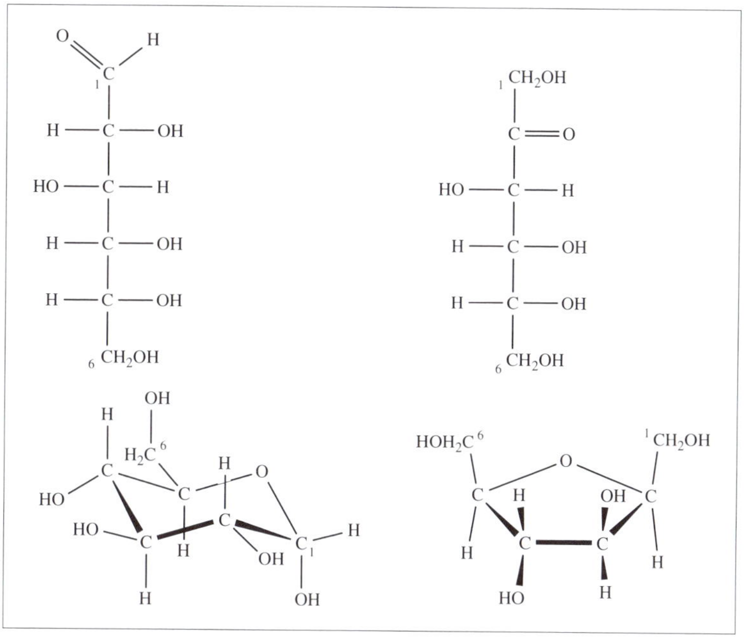

Abb. 11: Strukturformeln der Monosaccharide Glucose (links) und Fructose (rechts) in der offenen Form (oben) und der Ringform (unten).

Neben diesen Monosacchariden mit 6 C-Atomen („Hexosen“) gibt es auch solche mit 3, 4, 5 oder 7 C-Atomen. Die Ribose ist ein Zucker mit 5 C-Atomen im Molekül, also eine „Pentose“. Ribose ist ein wichtiger Bestandteil der Nukleinsäuren.
Disaccharide bilden sich durch die glykosidische Verbindung zweier Monosaccharid-Moleküle. Der gewöhnliche Haushaltszucker (Rohrzucker, Saccharose) ist ein Disaccharid aus 1 Molekül Glucose und

1 Molekül Fructose, die sich durch Wasserabspaltung miteinander verbinden (glykosidische Bindung).

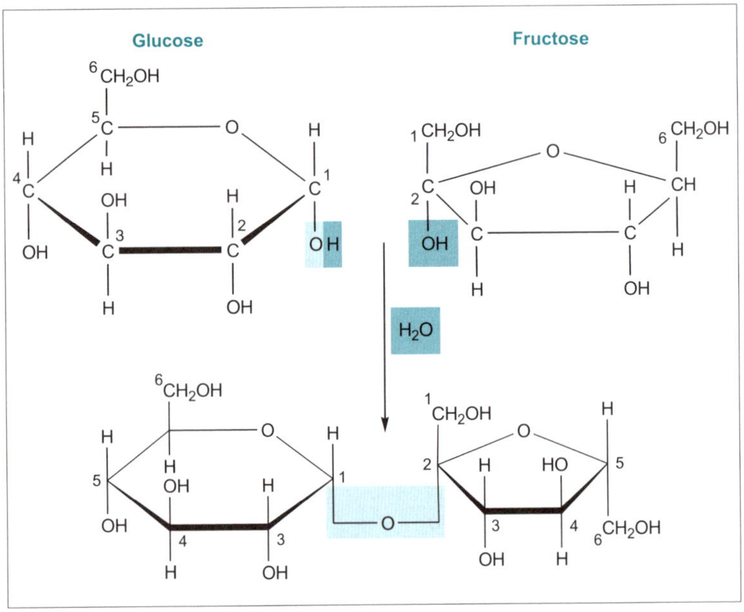

Abb. 12: Bildung der Saccharose aus Glucose und Fructose durch Abspaltung eines Moleküls Wasser (dunkelblau hinterlegt): glykosidische Bindung (hellblau hinterlegt).

Makromoleküle wie **Stärke** (Abb. 13) und **Cellulose** entstehen durch die Verknüpfung von Tausenden von Glucosemolekülen. Im Unterschied zu Glucose sind sie in Wasser nicht löslich. Stärke wird von Pflanzen als Reservestoff gespeichert und findet sich in großer Menge in Kartoffeln und Getreidekörnern. Auch Tiere und der Mensch speichern Stärke (Glykogen) in der Leber und können auf diese Reserve zur Regulierung des Blutzuckers zurückgreifen. Im Cellulosemolekül pflanzlicher Zellwände sind die Glucosemoleküle anders miteinander verknüpft als in der Stärke, wobei zwischen den einzelnen Makromolekülen noch Wasserstoffbrücken gebildet werden, durch die die Cellulosefibrillen zusätzlich verstärkt werden.

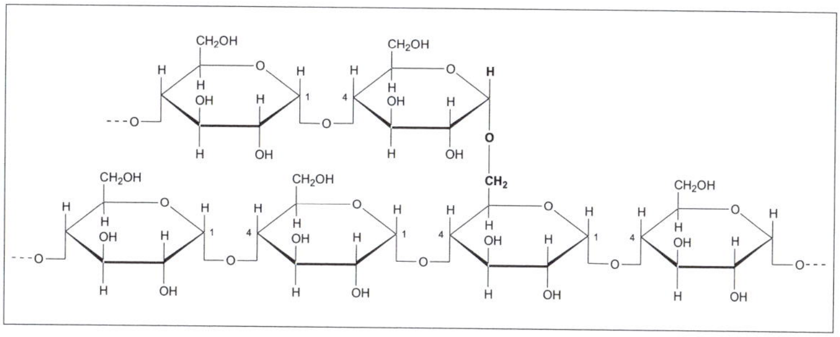

Abb. 13: Strukturformelausschnitt von Amylopektin. Dieser wasserunlösliche Bestandteil der Stärke ist aus verzweigten Ketten aus 1,4- und 1,6-glykosidisch verknüpften Glucosemolekülen aufgebaut.

Lipide

hydrophob: griech. *hydor* Wasser, *phobos* Angst; wasserabstoßend

Oxidation ist die Abgabe von Elektronen in einer chemischen Reaktion.

Lipide sind Fette und fettähnliche Substanzen. Sie sind gekennzeichnet durch ihre Löslichkeitseigenschaften: Sie sind hydrophob, also löslich in unpolaren Lösungsmitteln wie Benzol, nicht dagegen in Wasser. Zu ihnen zählen auch die Lipide mit einem polaren Anteil, die wichtige Bestandteile aller biologischen Membranen sind. Fette und Öle besitzen einen großen Anteil an Kohlenstoff-Wasserstoff-Bindungen, wodurch sie bei Oxidation viel Energie freisetzen können. Sie sind daher auch als hochwertige Energiereserven der Organismen anzutreffen.

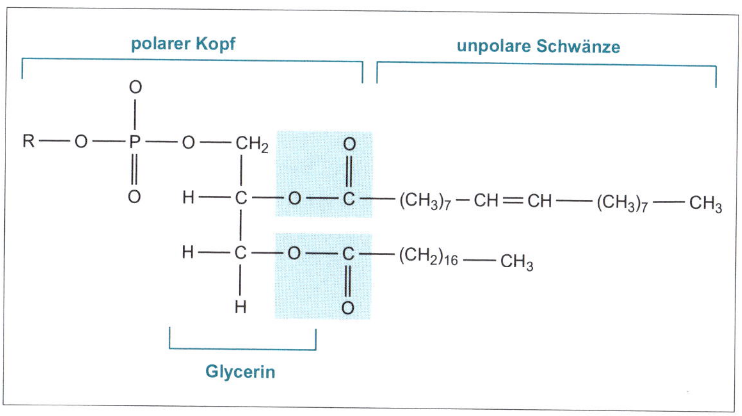

Abb. 14: Bau eines Lipids mit einer polaren Gruppe. Blau hinterlegt: die Esterbindung der Fettsäuren (rechts) mit dem Glycerinmolekül.

Lipide mit einer hydrophoben Region und einem Bereich mit polaren Atomgruppen können sich sowohl an reine Fette wie auch an Wasser anlagern. Solche Lipide sind daher auch in Waschmitteln enthalten, wo sie zur Verteilung von Fetten im Waschwasser beitragen. In der

Strukturformel (Abb. 14) ist ein einfaches Phospholipid dargestellt, das den grundsätzlichen Bau eines polar gebauten Lipids verdeutlicht. Es besteht aus einem Glycerinmolekül, das mit 2 Fettsäuren verestert ist. Diese Fettsäuren haben sehr lange unpolare Kohlenwasserstoffketten, die sie hydrophob machen. Zusätzlich ist in einer der beiden Fettsäuren eine Doppelbindung zu sehen. Solche Fettsäuren werden als ungesättigt bezeichnet, da sie unter Auflösung der Doppelbindung noch Wasserstoffatome binden können.

Ester entstehen durch Wasserabspaltung bei der Reaktion eines Alkohols mit einer Säure.

Das dritte C-Atom des Glycerins ist in anderer Orientierung mit Phosphorsäure verestert, an die noch ein weiteres organisches Molekül gebunden ist („R" für „Rest"). Dieser Teil des Moleküls ist hydrophil und daher im Wasser mit einer Hydrathülle umgeben. Bekannte Lipide mit einem polaren Anteil sind das Lecithin und das Cholesterin (Cholesterol).

hydrophil: griech. *hydor* Wasser, *philein* lieben; wasserlöslich

Cholesterin (Cholesterol) ist ein Bestandteil vieler tierischer Zellmembranen. Es beeinflusst die Festigkeit der Membran.

Als Symbol dargestellt, zeigt ein solches Lipid einen unpolaren, hydrophilen Kopf und einen polaren, hydrophoben Schwanz (Abb. 15).

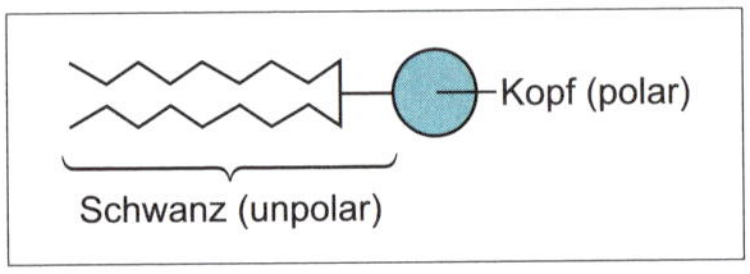

Abb. 15: Symbol für das Molekül eines Lipids mit polarer Gruppe

Aminosäuren und Proteine

Proteine (Eiweiße) sind wesentliche Grundbestandteile der Zelle. Sie haben vielfältige Funktionen als Bausubstanz, als Transportmoleküle und Enzyme im Zellstoffwechsel.

Protein: von griech. *protos* das Erste, Ursprüngliche

Enzyme sind Proteine, die als Katalysatoren Stoffwechselreaktionen beschleunigen. Sie wirken dabei meistens spezifisch, sodass für jede Reaktion ein spezielles Enzym zuständig ist. Ohne Enzyme würden die meisten Stoffwechselreaktionen im Organismus viel zu langsam ablaufen.

Darüber hinaus sind Proteine die strukturelle Grundlage für Bewegungen der Zellen bzw. in Zellen; auch die Kontraktion der Muskeln wird von ihnen bewirkt. Proteine sind Makromoleküle von äußerst mannigfaltiger Struktur und Zusammensetzung. Ihre Bausteine sind die Aminosäuren, von denen 20 verschiedene an ihrem Aufbau beteiligt sind. Da diese Bausteine sehr unterschiedlich lange Ketten bilden, ist die Vielfalt von Proteinen praktisch unendlich groß: bereits bei einem Makromolekül aus 100 Aminosäure-Bausteinen sind 20^{100} verschiedene Anordnungen möglich – das ist ein Vielfaches der in den Weltmeeren vorhandenen Wassermoleküle!

Als **Peptid** bezeichnet man eine Verbindung aus einigen Aminosäuren, die über die Peptidbindung miteinander verknüpft sind.
– Proteine sind hochmolekulare Polypeptide.

Helix: griech. *helix* Spirale, Gewinde

Aminosäuren sind organische Säuren mit einer NH_2-Gruppe, der Aminogruppe. Sie verbinden sich untereinander durch Abspaltung eines Wassermoleküls über die sogenannte **Peptidbindung** zu Polypeptiden bzw. Proteinen (Proteine sind große Polypeptide). Die Reihenfolge der Aminosäuren im Eiweißmolekül liefert die **Primärstruktur**. Bei ihrer Bildung verformen sich die Eiweißmoleküle zusätzlich, wodurch Abschnitte der Aminosäurekette gefaltet oder in eine schraubige Struktur gebracht werden: die **β-Faltblattstruktur** bzw. die **α-Helix-Struktur** (Abb. 16). Diese räumlichen Strukturen von Eiweißmolekülen werden vor allem durch Wasserstoffbrückenbindungen gefestigt, sie stellen die **Sekundärstruktur** eines Proteins dar. Seine endgültige Gestalt erreicht das Proteinmolekül in der **Tertiärstruktur**: Hier wird die Sekundärstruktur selbst noch einmal durch Faltung und Schleifenbildung überformt. Diese Formbildung ist für die Funktion der Proteine ausschlaggebend; durch sie können die Proteine nach dem „Schlüssel-Schloss-Prinzip" mit anderen Molekülen in Wechselwirkung treten, wie z. B. die Enzyme.

Das **Schlüssel-Schloss-Prinzip** bezeichnet allgemein das Ineinanderpassen zweier Strukturen.

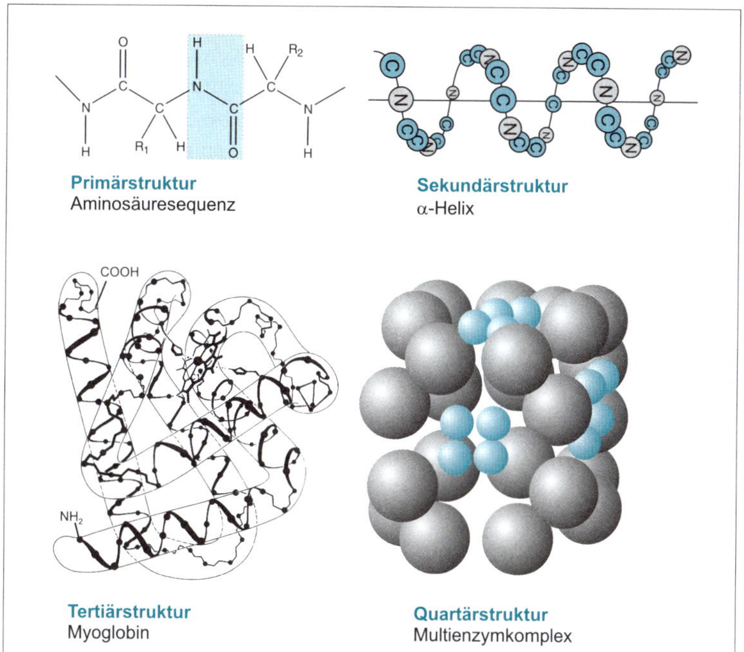

Abb. 16: Stufenweise Strukturbildung bei Proteinen. Links oben blau hinterlegt: die Peptidbindung zwischen zwei Aminosäuren

Proteine sind Makromoleküle aus vielen durch Peptidbindungen miteinander verbundenen Aminosäure-Molekülen. Sie haben stets eine spezifische Aminosäuresequenz und durch Faltung und Schraubung (Sekundär- und Tertiärstruktur) eine charakteristische Molekülgestalt.

Nukleotide und Nukleinsäuren

Erst in der Mitte des 20. Jahrhunderts ist durch Untersuchungen an Bakterien eindeutig geklärt worden, dass Nukleinsäuren die Träger der Erbinformation sind. Sie sind also „der Stoff, aus dem die Gene bestehen". Obwohl Nukleinsäuren bereits 1869 von Friedrich MIESCHER im Zellkern entdeckt worden sind, war es lange Zeit unklar, ob sie oder Proteine die Erbsubstanz darstellen. Nukleinsäuren sind aus Einzelbausteinen (Monomeren) zusammengesetzte Makromoleküle von teilweise beachtlicher Länge.

DNA → siehe S. 5

RNA (Ribonukleinsäure) ist eine einsträngige Nukleinsäure mit Ribose als Zuckerbestandteil.

Man findet in Zellen zwei Arten von Nukleinsäuren: die Desoxyribonukleinsäure (DNA) und die Ribonukleinsäure (RNA). Im Unterschied zur DNA ist die RNA auch im Plasma vorhanden; im Zellkern ist sie vor allem im Kernkörperchen (Nukleolus) konzentriert. Die Bausteine der Nukleinsäuren sind die **Nukleotide**, die ihrerseits wieder aus drei Einheiten bestehen: jedes Nukleotid enthält eine Phosphatgruppe, einen Zuckeranteil (eine Ribose) und jeweils eine von mehreren möglichen organischen Basen (Abb. 17). In der DNA gibt es vier verschiedene dieser speziellen Basen: Adenin, Thymin, Guanin und Cytosin. Entsprechend gibt es vier verschiedene DNA-Nukleotide. DNA und RNA unterscheiden sich in der Zuckerkomponente, in der RNA ist zudem das Thymin durch die Base Uracil ersetzt.

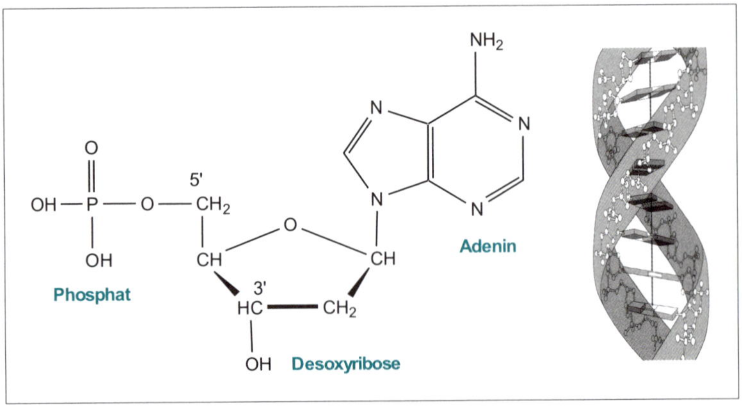

Abb. 17: Links Aufbau eines Nukleotids, rechts Ausschnitt aus einem DNA-Molekül. In der Doppelhelix ragen die Basen wie Leitersprossen nach innen.

Für die biologische Funktion der Informationsspeicherung und -weitergabe sind zwei Struktureigenschaften des DNA-Moleküls ausschlaggebend:

- Die Bildung langer Ketten aus den vier Nukleotiden in beliebiger Reihenfolge ergibt die Möglichkeit, die Informationen wie in den Buchstabenfolgen eines Textes zu speichern.
- Die DNA besteht aus zwei komplementären Strängen, die durch Wasserstoffbrücken zusammengehalten werden (Doppelhelix). Sie können daher relativ leicht getrennt werden und sich durch Anlagerung komplementärer Nukleotide an die Wasserstoffbrücken wieder ergänzen. Damit ist die Weitergabe der Information ermöglicht.

komplementär: sich gegenseitig ergänzend

Nach heutigen Erkenntnissen ist in einem Chromosom nur jeweils ein DNA-Molekül enthalten, das auf seiner ganzen Länge viele einzelne Erbinformationen (Gene) trägt.

Gene sind die auf den Chromosomen liegenden Einheiten der Erbinformation. Sie bestehen aus DNA.

Ein **Chromosom** ist ein einziges DNA-Molekül, an das zahlreiche Proteine zum Schutz und zur Stabilisierung angelagert sind.

Die Information der DNA wird an die Proteine weitergegeben: letztlich ist es die Aminosäuresequenz, die in der DNA codiert ist. Für jede eiweißbildende Aminosäure gibt es ein aus drei Nukleotiden bestehendes „Codewort" in der DNA (ein sogenanntes Triplett). In der Zelle wird bei dem komplexen Vorgang der Proteinbiosynthese die Reihenfolge der Tripletts in die Primärstruktur eines Proteins übersetzt. Da die Proteine – insbesondere als Enzyme – den gesamten Chemismus der Zelle steuern, kann man zusammengefasst sagen: „Nukleinsäuren machen Proteine, und Proteine machen alles andere."

Proteinbiosynthese
→ siehe S. 129 f.

Nukleotide sind auch in einem anderen Zusammenhang von zentraler Bedeutung: sie vermögen Energie aufzunehmen und wieder abzugeben und bilden so die Energieüberträger in der Zelle. Am häufigsten tritt dabei das Nukleotid Adenosintriphosphat **(ATP)** auf. Durch die Bindung einer Phosphatgruppe an Adenosinmono- oder Adenosindiphosphat, eine Reaktion, die Energie benötigt, wird Energie aufgenommen. Bei Abgabe einer Phosphatgruppe wird entsprechend wieder Energie frei, die für Transport-, Bewegungs- oder Stoffwechselvorgänge zur Verfügung steht:

Mit **G** wird der Energiegehalt eines Stoffes oder Systems bezeichnet, der freie Arbeit leisten kann, die **freie Energie.** **ΔG** ist damit der Unterschied im Energiegehalt von Ausgangsstoff(en) und Produkt(en).

$$\text{Adenosintriphosphat} \longrightarrow \text{Adenosindiphosphat} + \text{Phosphat} + \text{Abgabe von } 30\text{ kJ/mol}$$

$$\text{ATP} \longrightarrow \text{ADP} + P_i \qquad \Delta G = -30\text{ kJ/mol}$$

2.3 Die Biomembran

Die Zellmembran stellt die äußere Begrenzung von Zellen dar. Sie ist zugleich Abschluss der Zelle wie auch Pforte für den Austausch von Stoffen und Signalen. Auch bei Pflanzenzellen bildet sie die eigentliche lebende Außenhülle um die Zelle; die Zellwand aus Cellulose stellt nur ein zusätzliches festes Gerüst um den lebenden Zellinhalt dar.

Ein Beispiel soll die Bedeutung von Biomembranen erläutern:

In der Lunge begegnen sich Atmungsluft und Blut. Die Lungenbläschen umschließen einen luftgefüllten Hohlraum und schließen zugleich eng an die Kapillaren des Blutkreislaufs an (Abb. 18). Der hier stattfindende Gasaustausch – Sauerstoff diffundiert in das Blut, Kohlenstoffdioxid aus dem Blut in die Ausatmungsluft – geschieht also durch zwei aneinander liegende Zellen und deren Membranen hindurch, die die Blutfüssigkeit von der Luft trennen. Die Membranen haben die schwierige Aufgabe, die Blutflüssigkeit und darin enthaltene Stoffe (Zucker, Eiweiße) nicht in die Lungenbläschen hinaus zu lassen, andererseits aber Gase wie Sauerstoff, Kohlenstoffdioxid, Stickstoff und auch Wasserdampf durchzulassen.

Unter **Diffusion** versteht man die selbstständige Bewegung von Teilchen in Richtung des Konzentrationsgefälles. Diffusion beruht auf der Brown'schen Molekularbewegung und ist temperaturabhängig.

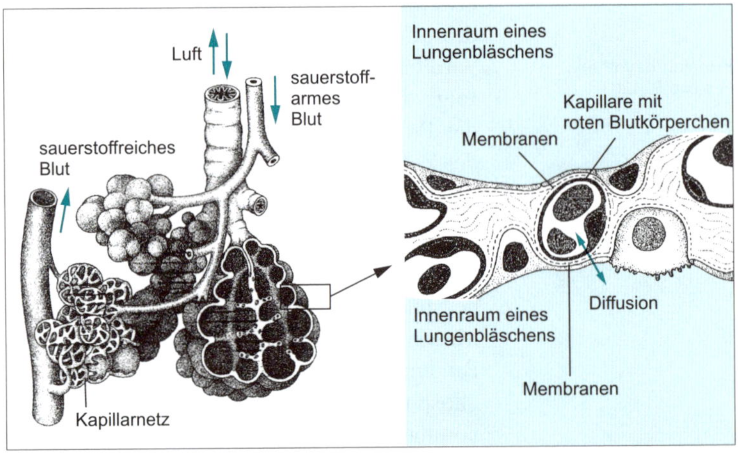

Abb. 18: Die Lungenbläschen des Menschen sind von feinen Kapillarnetzen umsponnen (links). Das in ihnen heranströmende Blut nimmt Sauerstoff aus der eingeatmeten Luft auf und gibt Kohlenstoffdioxid an sie ab. Dieser Gasaustausch findet durch die Membranen der aneinander grenzenden Zellen statt (rechts).

Schon an diesem Beispiel wird deutlich, dass Biomembranen außerordentlich komplexe Aufgaben zu bewältigen haben. Sie trennen nicht nur die einzelnen Zellen voneinander, sondern sind auch im Innern von Zellen wesentlich am Aufbau von Organellen und an der Abgrenzung von Funktionsräumen beteiligt. Diese innere Gliederung bezeichnet man als **Kompartimentierung**. Dadurch können auch gegenläufige Reaktionen gleichzeitig innerhalb einer Zelle ablaufen.

Die Abgrenzung von Bereichen mit unterschiedlichen Funktionen wie Verdauung, Synthese und Energieerzeugung in der Zelle wird als **Kompartimentierung** bezeichnet. Sie wird durch Membranen im Zytoplasma hergestellt.

Eine weitere allgemeine Funktion der Membranen in der Zelle wird verständlich, wenn Pro- und Euzyte miteinander verglichen werden. Die Zellen der Prozyten sind viel kleiner als die der Euzyten höherer Organismen. Nach Abbildung 6 liegt ihre Länge im Durchschnitt bei einem Zehntel der Größe der Euzyte. Räumlich gesehen bedeutet das, dass die Euzyte 10^3-mal so groß ist wie die Bakterienzelle. Während das Volumen in der dritten Potenz steigt, wächst die Oberfläche jedoch nur quadratisch mit dem Durchmesser, sodass die Oberfläche im Verhältnis zum Volumen immer kleiner wird. Es ist daher von großer Bedeutung, dass die Euzyte durch ihre Membransysteme eine gewaltige **Vergrößerung der inneren Oberfläche** erhält, an der Stoffwechselprozesse ablaufen können.

Die Entwicklung des Membranmodells

Elektronenmikroskop
→ siehe S. 7 f.

Die Frage, wie die Membran gebaut ist, um die genannten Funktionen zu erfüllen, wurde über viele Stufen im 20. Jahrhundert geklärt. Wesentlich dazu beigetragen hat auch die Entwicklung des Elektronenmikroskops, mit dem einige Struktureigenschaften der Membranen erkannt werden können. Nachfolgend werden einige wichtige Experimente, die zur Entwicklung des modernen Membranmodells geführt haben, vorgestellt.

1902 beobachtete E. OVERTON, dass fettlösliche Stoffe wie z. B. Azeton schneller in die Zelle eindringen als wasserlösliche Stoffe gleicher Molekülgröße. Aus diesen Beobachtungen zog er den Schluss, dass die Plasmamembran aus einer fettlöslichen Substanz, einem Lipid, bestehen müsse. Damit ließ sich auch erklären, dass fettspaltende Enzyme und Waschmittel die Zellmembran zerstören.

Auf dieser Grundlage wurde 1925 ein erstes Membranmodell von den Holländern E. GORTER und F. GRENDEL vorgeschlagen. Bei dem zugrunde liegenden Versuch hatten sie den gesamten Lipidanteil eines roten Blutkörperchens extrahiert und auf einer Wasseroberfläche ausgebreitet.

Dabei entstand ein Lipidfilm aus einer einzigen Molekülschicht. Die Fläche des Lipidfilms wurde mit der ursprünglichen Oberfläche der Zellmembran des roten Blutkörperchens verglichen. Stets war bei diesen Versuchen die Oberfläche der Blutkörperchen nur halb so groß wie der Lipidfilm auf dem Wasser.

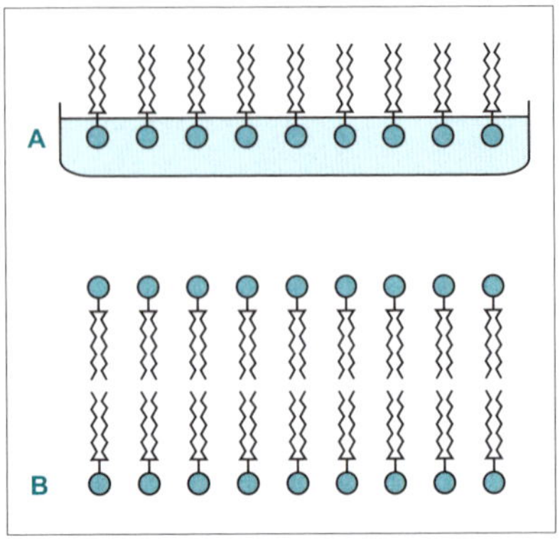

Abb. 19: (A) Auf der Wasseroberfläche bildet das Phospholipid einen einschichtigen Film, indem die hydrophilen Köpfe ins Wasser tauchen. (B) In der Zelle lagern sich die Phospholipide mit ihren hydrophoben Schwänzen so aneinander, dass die Köpfe zum Plasma hin weisen.

Der Schluss lag nahe, dass die Zellmembran eine Doppelschicht aus polar gebauten Lipidmolekülen darstellt. Diese Vorstellung ist als „Bilayer-Modell" bekannt geworden. Allerdings konnte dieses Modell manche Eigenschaften, die an Biomembranen beobachtet wurden, nicht erklären. Beispielweise wurde die Oberflächenspannung von Membranen und reinen Öltropfen in Wasser verglichen. Zur Messung wurden Seeigeleier zwischen zwei Deckgläsern genau definierten Drücken ausgesetzt. Die Oberflächenspannung der Biomembran erwies sich als viel geringer als die des reinen Öltropfens. Bringt man einen Öltropfen aber in eine Proteinlösung, dann verringert sich seine Oberflächenspannung. Diese Untersuchungen führten 1935 zur Erweiterung des Membranmodells durch J. F. DANIELLI und H. DAVSON. Das Modell zeigt eine auf beiden Seiten der Lipiddoppelschicht aufgelagerte Proteinschicht. Dieses Modell schien auch in Übereinstimmung zu sein mit den ab 1950 gemachten elektronenmikroskopischen Bildern, die stets einen dreischichtigen Querschnitt der Membran zeigten.

Bilayer: lat. *bis* doppelt; bezeichnet die zweischichtige Struktur der Doppellipidmembran.

Mit weiter verfeinerten Methoden wurden allerdings Eigenschaften der Biomembran entdeckt, die auch das Davson-Danielli-Modell nicht erklären konnte. So ergab die Analyse der Proteine, dass es sich vorwiegend um globuläre Makromoleküle handelt, die keine zusammenhängende Schicht bilden. Mit der Gefrierbruchtechnik können sie sogar elektronenoptisch sichtbar gemacht werden (Abb. 20).

globulär: lat. kugelförmig

Die innere Membranfläche weist zahlreiche einzelne Partikel von 6 – 9 nm Durchmesser auf, die als isolierte Proteinmoleküle in der Membran gedeutet werden. Solche Beobachtungen führten schließlich zu dem **„Flüssig-Mosaik-Modell"** von S. J. SINGER und G. L. NICOLSON.

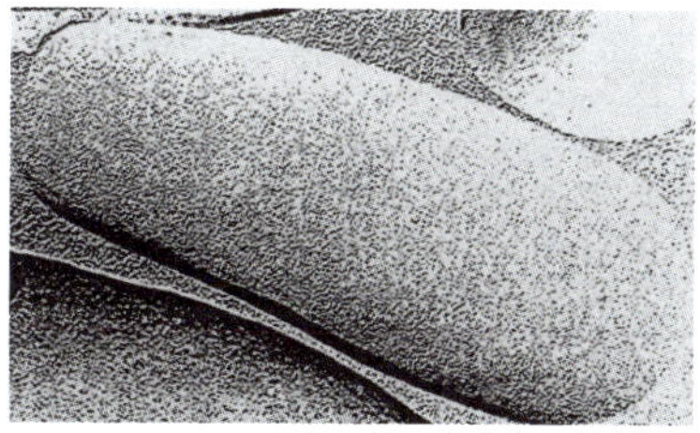

Abb. 20: Elektronenmikroskopische Aufsicht auf eine Membran (Gefrierbruch-Präparat). Die feinen Körnchen in der Fläche sind Proteinmoleküle.

Das **Flüssig-Mosaik-Modell** beschreibt die Biomembran als ein Mosaik von Proteinmolekülen, die einzeln in eine Lipiddoppelschicht eingebettet sind.

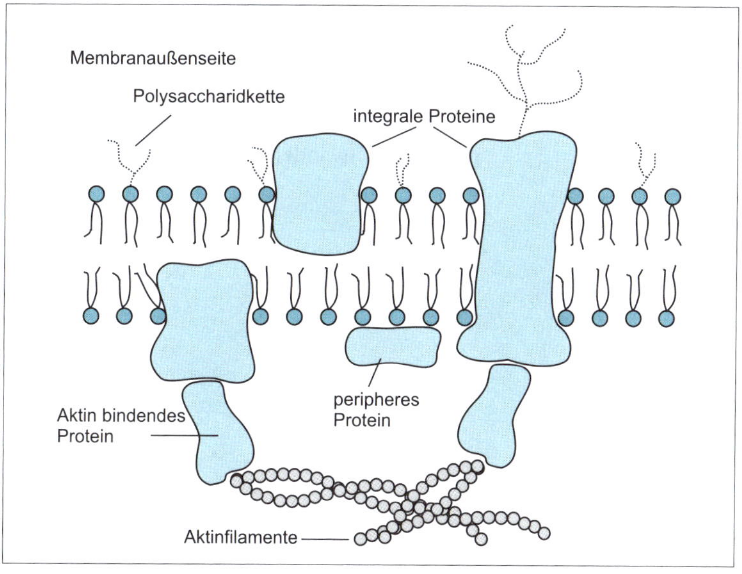

Abb. 21: Flüssig-Mosaik-Modell einer Biomembran aus einer Lipid-Doppelschicht mit integralen und peripheren Proteinen. An der Außenseite der Zellmembran sitzen zudem Kohlenhydratmoleküle, an der plasmatischen Seite sind Aktinfilamente verankert.

Das Flüssig-Mosaik-Modell geht von einer Lipiddoppelschicht aus, in die die Proteinmoleküle ganz oder zumindest zum Teil eingetaucht sind (Abb. 21). Man bezeichnet sie entsprechend als integrale bzw. periphere Membranproteine. Die integralen Proteine sind weitaus häufiger als die peripheren, sie besitzen hydrophobe Regionen, mit denen sie im Innern der Lipiddoppelschicht verankert sind. Sowohl die äu-

hydrophob → siehe S. 19

ßere Plasmamembran als auch die Membranen der Zellorganellen besitzen diese Grundstruktur, weshalb man sie auch als **Elementarmembran** bezeichnet.

Allerdings variieren die Membranen im Einzelnen in ihrer Zusammensetzung. Beispielsweise kann der Anteil an Proteinen zwischen 30 und 70 % betragen. Die Proteine haben dabei auch ganz unterschiedliche Funktionen. Viele sind für Transportvorgänge durch die Membran zuständig, andere sind als Enzyme Bestandteile von Elektronentransportketten, die bei der Zellatmung in den Mitochondrien oder bei der Fotosynthese in den Chloroplasten eine wichtige Rolle spielen.

Zellatmung ist die in den Zellen (Mitochondrien) ablaufende Form der Energiegewinnung durch Oxidation von Glucose.

Von besonderer Bedeutung sind schließlich noch Kohlenhydrate, die an der Membranoberfläche an Lipide oder Proteine gebunden sein können. Dabei handelt es sich um unterschiedlich gebaute Ketten aus Zuckermolekülen, die aus der Membran herausragen. Sie sind sozusagen die Erkennungsmarken der verschiedenen Zelltypen. Die Zellerkennung spielt eine wesentliche Rolle z. B. bei der Immunreaktion: nur durch solche spezifischen Merkmale der Zelloberfläche können eingedrungene Bakterien als Fremdstoffe erkannt und von körpereigenen Zellen unterschieden werden. In der Keimesentwicklung von Tieren spielt die Zellerkennung eine wichtige Rolle bei Zellbewegungen und Zellwanderungen im Embryo.

Zellwanderungen
→ siehe S. 120

3 Die Zellorganellen

Die vielen Grundfunktionen der lebenden Zelle wie Nahrungsabbau, Synthese zelleigener Stoffe oder Energiegewinnung laufen nicht wahllos verteilt im Plasma ab, sondern sind an eine Reihe verschiedener Strukturen gebunden, die man als **Organellen** bezeichnet. Abbildung 22 gibt einen Überblick über die Organellen einer Pflanzenzelle.

Organellen sind auf die verschiedenen Lebensfunktionen spezialisierte Strukturen im Plasma der Zellen.

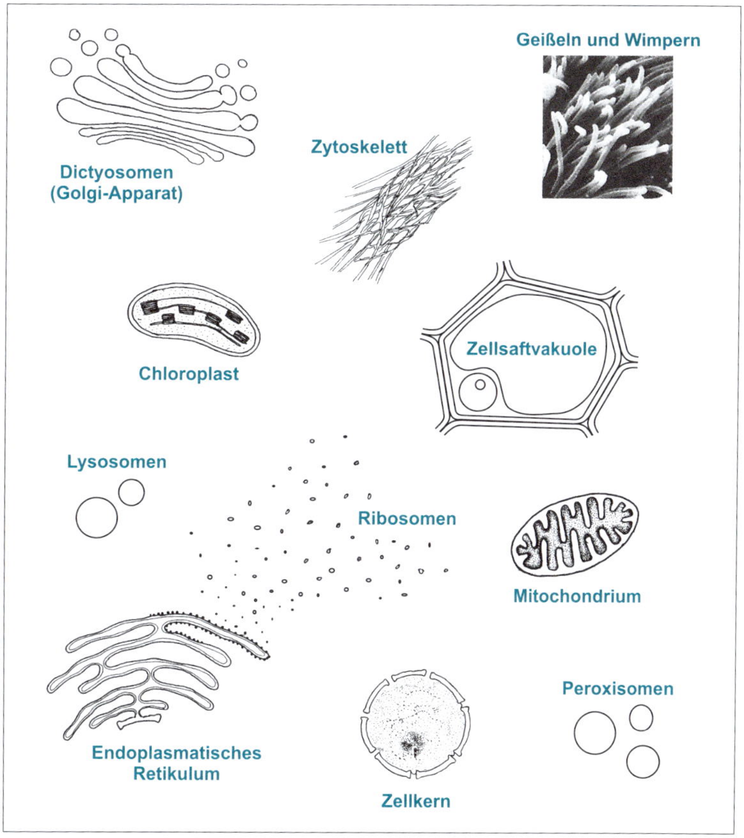

Abb. 22: Die Organellen einer Pflanzenzelle

Die meisten Organellen sind im Lichtmikroskop nicht mehr erkennbar, für eine genauere Analyse ist das Elektronenmikroskop erforderlich. Um neben der Struktur auch die Zusammensetzung und die Funktion einzelner Organellen zu untersuchen, ist es nötig, sie zu isolieren und in größerer Menge anzureichern. Eine wichtige Methode dafür ist die Zentrifugation, durch die sie aufgrund ihrer unterschiedlichen Masse getrennt werden können.

3.1 Methodischer Exkurs: Die Trennung von Zellbestandteilen durch Zentrifugation

Zentrifugalkraft ist die bei Drehbewegungen nach außen gerichtete Fliehkraft.

isotone Lösung
→ siehe S. 49

Durch die Umdrehung der Zentrifuge entsteht im Zentrifugenröhrchen eine Zentrifugalkraft. In Ultrazentrifugen, die Drehzahlen von über 100 000 Umdrehungen pro Minute erreichen, treten Beschleunigungskräfte auf, die über das 100 000fache der Erdbeschleunigung (g) hinausgehen, durch die wir an der Erde festgehalten werden. Vor der Zentrifugation müssen die Zellen aufgebrochen werden, damit die Organellen frei in einer isotonen Lösung schwimmen. Das geschieht mechanisch durch rotierende Kolben in einem Mixer. Das daraus erhaltene Gemisch von Zellbestandteilen kann dann mit schrittweise höherer Drehzahl zentrifugiert werden, wobei sich zuerst die schwersten, nachfolgend die immer leichteren Bestandteile am Boden des Röhrchens ansammeln (Abb. 23).

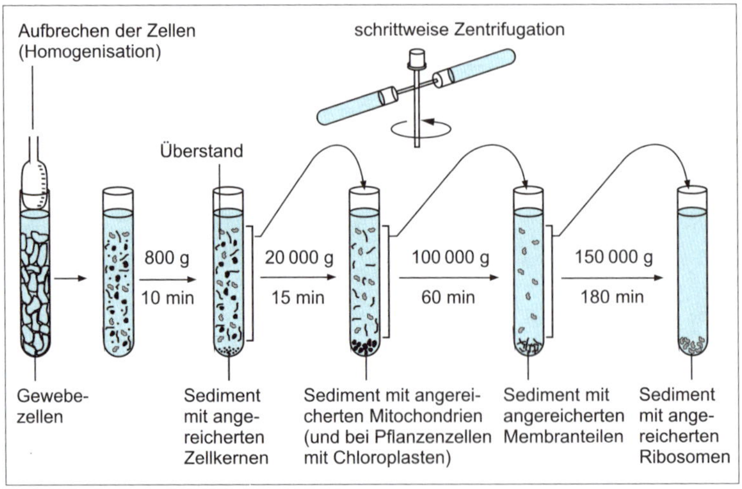

Abb. 23: Trennung von Zellbestandteilen durch Zentrifugation in mehreren Schritten („fraktionierte Zentrifugation")

Gradient: Konzentrationsgefälle

Eine abgewandelte Methode ist die **Dichte-Gradienten-Zentrifugation**. Hierbei wird das Röhrchen nicht einfach mit dem Gemisch gefüllt, sondern mit einer niedermolekularen Substanz (Caesiumchlorid- oder Rohrzuckerlösung), die bei hohen Drehzahlen der Zentrifuge ein Konzentrationsgefälle aufbaut.

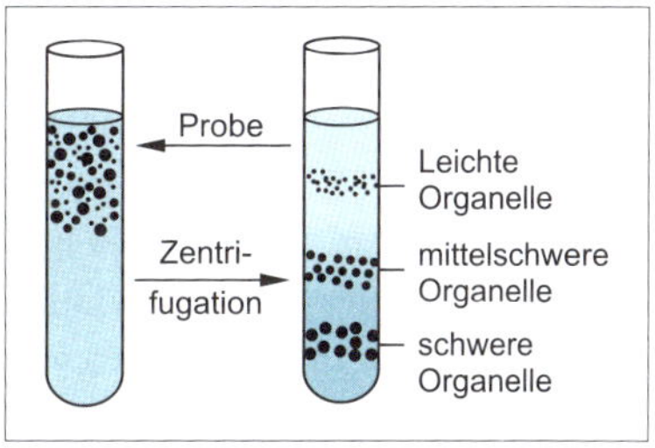

Abb. 24: Dichte-Gradienten-Zentrifugation

Die Dichte dieser Substanz nimmt dann kontinuierlich zum Boden des Röhrchens hin zu. Bei Zentrifugation mit aufgebrachten Zellbestandteilen wandern dann die Teilchen nur bis zu der Schicht, die ihrer eigenen Dichte entspricht. Bei einer viele Stunden durchgeführten gleich bleibenden Zentrifugation wandern auch große Moleküle in die ihnen entsprechende Dichte-Zone. Mit dieser Methode lassen sich also nicht nur Zellorganellen, sondern auch Makromoleküle aufgrund ihres unterschiedlichen spezifischen Gewichts trennen und individuell anreichern.

3.2 Die Zellorganellen im Einzelnen

Der **Zellkern (Nukleus)** enthält die Erbsubstanz und ist damit der zentrale Informationsspeicher in der Zelle. Das genetische Material ist in langen Fäden, den Chromatinfäden, organisiert. Diese enthalten neben der Desoxyribonukleinsäure (DNA) auch noch Proteine. Während der Kernteilung ziehen sich die Chromatinfäden zu den Chromosomen zusammen, die durch Anfärbung im Lichtmikroskop sichtbar werden. Neben dem Chromatin ist in den gefärbten Präparaten noch das Kernkörperchen (der Nukleolus) erkennbar, in manchen Zellkernen existieren mehrere Nukleoli.

Chromosom
→ siehe S. 23

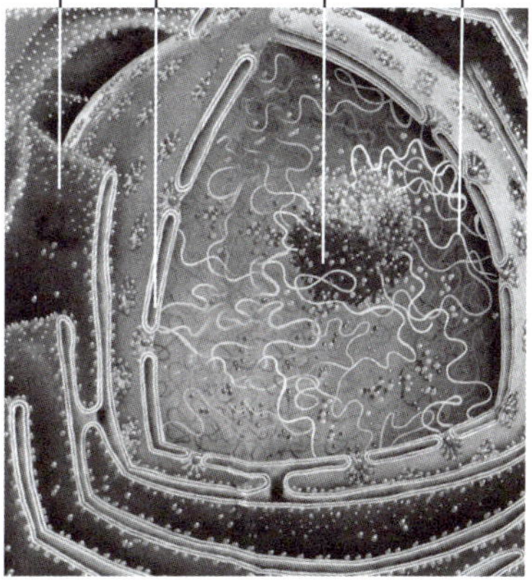

Abb. 25: Zellkern. Die Kernmembran ist angeschnitten und zeigt das Chromatin im Innern.

Sie enthalten die Information für die Bildung von Ribosomen.

Endoplasmatisches Retikulum → siehe S. 34

Das genetische Material des Kerns ist von einer doppelten Membranhülle umgeben, die direkt an das Endoplasmatische Retikulum angeschlossen ist (Abb. 25).

Die Kernmembran wird von zahlreichen Poren durchbrochen, die mit einer Öffnungsweite von etwa 0,1 µm auch den Austausch von Makromolekülen zwischen Plasma und Zellkerninnerem erlauben. Dies ist insbesondere für die Weitergabe der Information aus dem Zellkern in das Plasma wichtig. Die Erbsubstanz selber bleibt stets im Kern, steuert aber mithilfe einer Kopie aus Ribonukleinsäure (RNA) die Stoffwechselprozesse und die Entwicklung der Zelle.

Steuerung der Stoffwechselprozesse und Zellentwicklung → siehe „Molekulargenetische Grundlagen" S. 129 f.

Die **Mitochondrien** kann man als die „Kraftwerke" der Zelle bezeichnen: In ihnen findet der Abbau (Oxidation) der energiereichen Glucose statt. Die dabei frei werdende Energie wird größtenteils in Form von ATP gespeichert. Wie der Zellkern sind auch die Mitochondrien von einer doppelten Membran umgeben (Abb. 26).

Die innere Membran ist nach innen gefaltet oder bildet röhrenförmige Fortsätze. Den membranfreien, aber plasmagefüllten Innenraum bezeichnet man als **Matrix**.

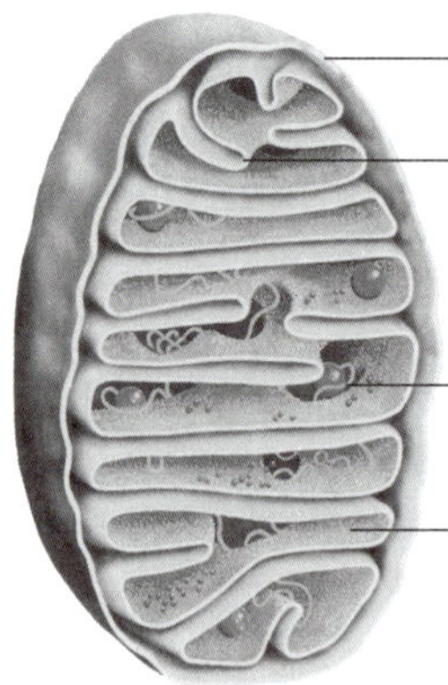

Abb. 26: Mitochondrium

Matrix: lat. *matrix* Stammmutter; Grundsubstanz, in die Zellen oder Membranen eingebettet sind.

Der Spalt zwischen den beiden Membranen ist nichtplasmatisch. Die Größe der Mitochondrien liegt im Bereich von 1 µm. In den inneren Membraneinfaltungen ist die für die Oxidation nötige „Maschinerie" untergebracht; hier sind viele Enzymkomplexe so angeordnet, dass die Stoffwechselreaktionen schrittweise geordnet ablaufen können. Dabei bewirken die Falten bzw. Röhrenstrukturen der inneren Membran eine enorme Oberflächenvergrößerung und damit eine hohe Leistungsfähigkeit im Stoffumsatz.

ATP → siehe S. 23

Neben den Endprodukten der Oxidation (H_2O und CO_2) wird in den Mitochondrien als wichtigstes Erzeugnis das ATP gebildet, das als kleine „Energiemünze" die Energie der abgebauten Glucose übernimmt. Neben diesen Bestandteilen enthält das Mitochondrium auch eine kleine Menge eigener Erbsubstanz, die mitochondriale DNA (mt-DNA), die als ringförmig geschlossenes Makromolekül im Innenraum vorliegt. Mithilfe dieser eigenen DNA vermehren sich die Mitochondrien innerhalb der Zelle selbstständig durch Teilung oder Knospung (Abb. 27).

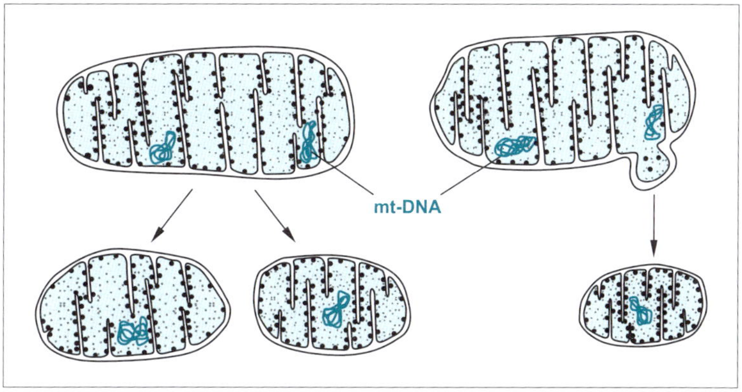

Abb. 27: Mitochondrium: Vermehrung durch Teilung (links) und durch Knospung (rechts).

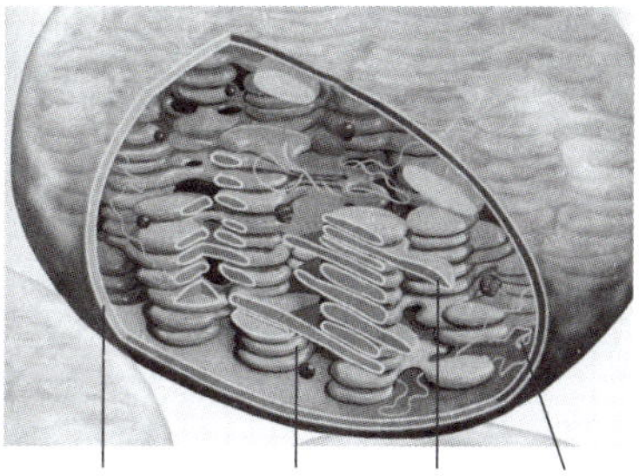

Abb. 28: Chloroplast

Chloroplasten sind die Zellorganellen von Pflanzen, die den grünen Farbstoff Chlorophyll enthalten. Sie sind die Stätten der Fotosynthese und damit die Organellen in den Pflanzen, in denen das Sonnenlicht in die für alle Lebewesen nötige chemische Energie für Stoffwechsel, Wärmeerzeugung und Bewegung umgewandelt wird. Die Chloroplasten bilden zusammen mit anders gefärbten Chromoplasten und farblosen Leukoplasten die Gruppe der **Plastiden**.

Wie die Mitochondrien sind auch die Chloroplasten von einer doppelten Membran umhüllt, wobei von der inneren Membran zahlreiche Zisternensäckchen nach innen abgeschnürt werden: die **Thylakoide**. Diese bilden häufig kleine Stapel, die sogenannten **Grana** (Einzahl: Granum). In diesen Thylakoidmembranen befinden sich neben dem Chlorophyll auch die Enzymkomplexe, die für den Ablauf der Fotosynthese nötig sind. Ein Teil der Fotosyntheseprozesse findet darüber hinaus in dem Zwischenraum zwischen den Thylakoiden, dem Stroma (Matrix), statt. In den Chloroplasten findet sich ähnlich wie in den Mitochondrien eine eigene Erbsubstanz, die Chloroplasten-DNA. Mit ihrer Hilfe vermehren sich Chloroplasten eigenständig in der Zelle durch Knospung oder Teilung.

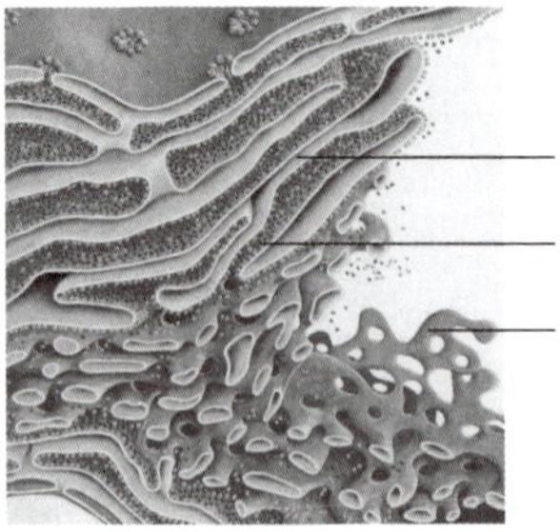

Abb. 29: Endoplasmatisches Retikulum (ER)

Das **Endoplasmatische Retikulum (ER)** durchzieht als Membrannetz das ganze Plasma in der Zelle. Seine Membranen umschließen flächige Hohlräume, die sogenannten Zisternen. Das ER dient einerseits dem Stofftransport in der Zelle, andererseits können in ihm auch Syntheseprozesse z. B. von Lipiden und Hormonen stattfinden. Aufgrund der Lipidproduktion ist das ER auch der Bildungsort der Membranen in der Zelle, einschließlich der äußeren Zellmembran. An vielen Stellen sind zudem Ribosomen an das ER gebunden, man bezeichnet es wegen seines Aussehens im Elektronenmikroskop daher als raues ER im Unterschied zum glatten ER ohne Ribosomen.
Die Ribosomen sind die Stätten der Eiweißbildung; raues ER mit vielen Ribosomen ist deshalb in fast allen pflanzlichen und tierischen Zellen vorhanden. Besonders stark ist es in Zellen ausgebildet, die proteinhaltige Sekrete abgeben wie die Zellen der Darmschleimhaut oder der Bauchspeicheldrüse. Das ER schließt an die Membranen anderer Organellen an und steht in ständigem Membranaustausch mit ihnen (Membranfluss). Es ist auch für den Wiederaufbau der Kernhülle nach der Zellteilung zuständig.

Dictyosom: griech. *diktyon* Netz, *soma* Körper

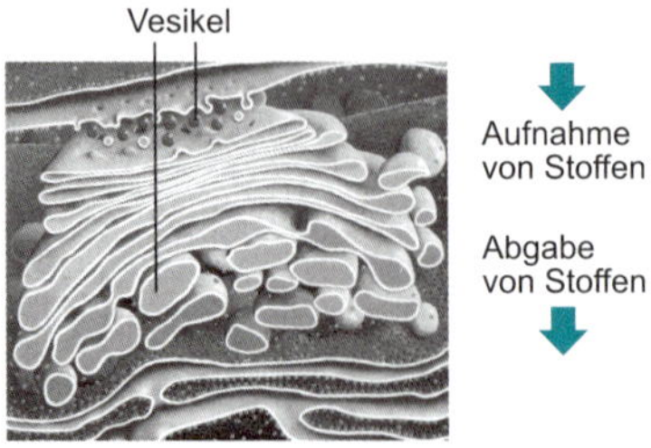

Abb. 30: Dictyosom

Ähnlich wie das ER sind auch die **Dictyosomen** aus flachen, tellerförmigen Membranzisternen aufgebaut. Sie sind hier aber stapelweise zusammen gelagert und zeigen eine ihrer Funktion entsprechende Polarität: sie nehmen auf der dem ER bzw. dem Zellkern zugewandten Seite Stoffe auf und geben auf der der Zelloberfläche zugewandten Seite die weiterverarbeiteten Produkte ab. Aufnahme und Abgabe erfolgen immer in der Form, dass die Stoffe von Membranbläschen (Vesikeln) umhüllt sind, die mit der Dictyosomenmembran verschmelzen bzw. von ihr abgeschnürt werden. Dictyosomen produzieren auf diese Weise z. B. Sekrete wie die Schleimstoffe im Darm oder in den Bronchien; auch die ätherischen Öle des Blütendufts werden in Dictyosomen gebildet.

Camillo Golgi (1843 – 1926): Arzt und Anatom in Italien. Erhielt 1906 den Nobelpreis für seine Forschungen über die Anatomie des Nervensystems.

Auch Cellulosebausteine für den Aufbau der pflanzlichen Zellwand werden in solchen Golgi-Vesikeln an die Zelloberfläche transportiert. Nach ihrem Entdecker wird die Gesamtheit der Dictyosomen einer Zelle auch als **Golgi-Apparat** bezeichnet.

Im Plasma sind eine Vielzahl von membranumhüllten Bläschen, Vesikel, enthalten, die verschiedene Reaktionsräume abgrenzen und entsprechend unterschiedliche Inhaltsstoffe enthalten. Dazu zählen die **Lysosomen** und **Microbodies** (Peroxisomen), die vor allem dem Um- und Abbau organischer Substanzen dienen. Lebende Zellen sind keine stabilen „Apparate“ aus festen Bestandteilen, sondern unterliegen einem ständigen Austausch ihrer Stoffe und damit auch ihrer Organellen.
Lysosomen erfüllen dabei die wichtige Funktion des Abbaus und der Verdauung zelleigener Substanzen. Sie enthalten zahlreiche Enzyme, die Eiweiße, Kohlenhydrate, Fette und Nukleinsäuren abbauen können. Beim Tod einer Zelle lösen sich die Membranen der Lysosomen auf, die Enzyme gelangen ins Plasma und verdauen die Zelle als Ganzes (Autolyse).

Autolyse (griech. Selbstauflösung) ist der Abbau von Zellen und Geweben durch die eigenen Enzyme.

Die Bildung von Lysosomen erfolgt wahrscheinlich aus Teilen des ER und aus dem Golgi-Apparat. Microbodies sind ähnlich gebaute Vesikel, die eine unterschiedliche Enzymausstattung besitzen. Zum Beispiel können sie das für Zellen hochgiftige Wasserstoffperoxid (H_2O_2) abbauen, auch der Abbau von Cholesterin zu Gallensäuren in der Leber wird von ihnen bewirkt.

Vakuolen sind ebenfalls von einer Membran gegen das Plasma abgegrenzte Räume. Von besonderer Bedeutung sind die großen Zentralvakuolen von pflanzlichen Zellen. Sie enthalten den Zellsaft, eine wässrige Lösung von Ionen und organischen Verbindungen wie Zucker oder Farbstoffe. Durch den Zellsaft erhalten Früchte ihren charakteristischen Geschmack, auch viele Blütenfarben beruhen auf Farbstoffen im Zellsaft. Eine besondere Bedeutung hat die Vakuole für die Erhaltung der Spannung pflanzlicher Gewebe. Durch den von ihr erzeugten Innendruck der Zelle (Turgor) wird die Festigkeit vieler Pflanzenorgane bewirkt.

Turgor → siehe S. 49

Ribosomen sind oben schon im Zusammenhang mit dem rauen ER erwähnt worden. Es sind sehr kleine membranlose Organellen, die mit einem Durchmesser von ca. 20 nm weit unter dem Auflösungsvermögen von Lichtmikroskopen liegen. Sie bestehen aus Protein- und Ribonukleinsäure-Molekülen, die zwei unterschiedlich große Untereinheiten bilden. An ihrer Bildung ist der Nukleolus wesentlich beteiligt. Ribosomen haben in der Zelle die wichtige Funktion, die genetische Information in Eiweißmoleküle umzusetzen.

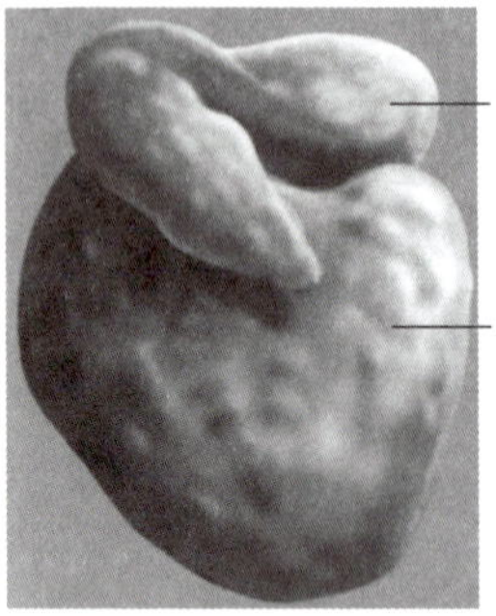

Abb. 31: Ribosom

Herstellung von Eiweißmolekülen → vgl. Proteinbiosynthese; siehe S. 129 f.

Das **Zytoskelett** ist ein das ganze Plasma durchziehendes Fasernetz aus Eiweißmolekülen, das in der Zellmembran verankert ist. Es dient sowohl der Stabilisierung als auch der Beweglichkeit von Zellen und ist bei Einzellern, Pflanzen und Tieren zu finden. Tierische Zellen und viele Einzeller besitzen im Gegensatz zu Pflanzenzellen keine Zellwand, die ihnen Form und Festigkeit verleihen könnte. Bei ihnen wird die Zellform durch das Zytoskelett erhalten. Abbildung 32 zeigt die mit einer besonderen Methode sichtbar gemachten Proteinfasern des Zytoskeletts von Nierenzellen. Das Zytoskelett enthält drei verschiedene Elemente:

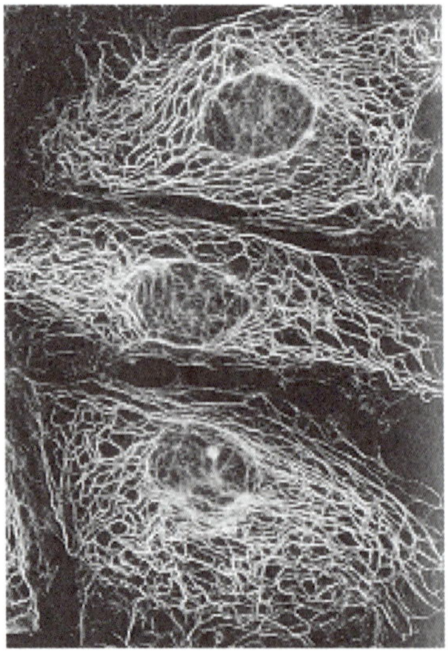

Abb. 32: Zytoskelett. Durch spezielle Färbemethoden wurden die Keratinfilamente sichtbar gemacht, die die Zellform stabilisieren und in denen der Kern aufgehängt ist.

- Die **Mikrofilamente** aus den Proteinen Aktin und Myosin bewirken die Plasmaströmung wie auch die Kontraktion der Muskelzellen.
- **Mikrotubuli** sind röhrenförmig und bestehen aus dem Protein Tubulin. Eine wichtige Funktion haben sie bei der Kernteilung (Mitose): Aus ihnen werden die Spindelpole (Zentriolen) und die Spindelfasern aufgebaut. Letztere sind für die Bewegung der Chromosomen in der Zellteilung zuständig.

Mitose → siehe S. 64 f.

Zentriolen sind die in der Nähe des Zellkerns gelegenen Zellkörperchen. Sie sind das Organisationszentrum für die Teilungsspindel in der Mitose und bilden dort die beiden Pole.

Mikrotubuli sind auch für die Bewegung von Geißeln und Wimpern verantwortlich. Viele Einzeller (Geißeltierchen, Wimpertierchen) bewegen sich durch den Schlag von **Geißeln** oder **Wimpern** fort; ebenso wird die Bewegung von Spermazellen durch Geißelschlag bewirkt. Bewimperte Zellen in unserer Luftröhre sorgen für die Beförderung von Schleim und Schmutzteilchen nach außen. Der Aufbau dieser Bewegungsorgane ist dabei in den Euzyten überall gleichartig: Es sind stets neun Einheiten aus Mikrotubuli ringförmig um zwei zentrale Mikrotubuli angeordnet und insgesamt von einer Membran umgeben (Abb. 33). Durch Verschiebung der Mikrotubuli-Einheiten gegeneinander kommt es zur Geißel- oder Wimpernbewegung.

Euzyte → siehe S. 57 f.

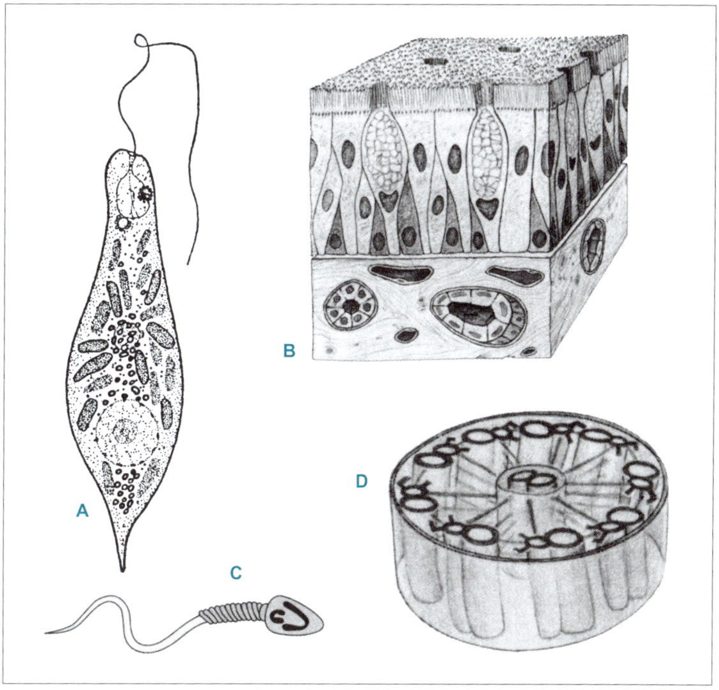

Abb. 33: Zellen mit Geißeln bzw. Wimpern: (A) Augentierchen *(Euglena)*, (B) bewimperte Schleimhautzelle aus den Bronchien des Menschen, (C) Spermazelle. Der Querschnitt (D) zeigt die Grundstruktur solcher Zellanhängsel.

- Die **intermediären Filamente** liegen in der Größe zwischen den beiden anderen, sie dienen vor allem der Festigung von Zellen. So ist die Stabilität von Haarzellen oder der verhornten Oberhaut auf Filamente des Proteins Keratin zurückzuführen.

Zusammenfassung – Die Zelle als Grundeinheit des Lebens

Übersicht über Form und Funktion der Zellorganellen (doppelt eingerahmt: nur in pflanzlichen Zellen vorhanden):

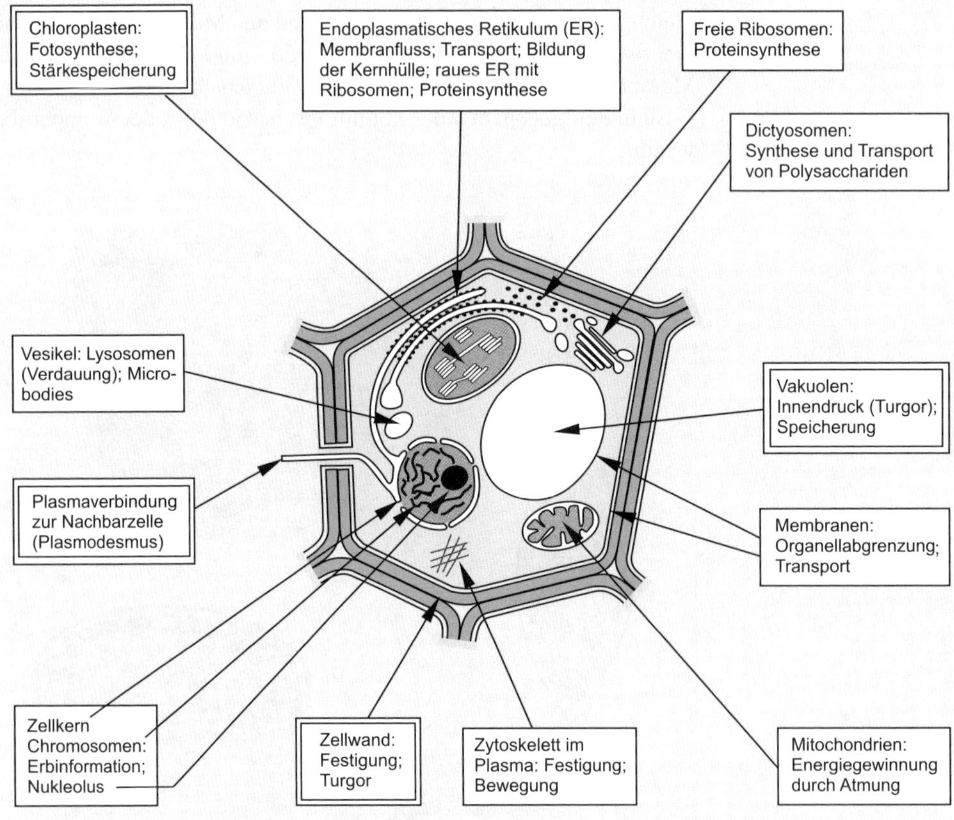

- Die eigentliche Zellforschung begann 1839 mit der Begründung der **Zelltheorie**: Die Zelle ist der Grundbaustein aller Lebewesen.
- Es gibt zwei Zelltypen: die **Prozyte** ohne Zellkern (Bakterien) und die **Euzyte** mit Zellkern (alle übrigen Organismen).
- Lichtmikroskopisch erkennbare Strukturen einer Pflanzenzelle sind die Zellwand, die große Zentralvakuole und der sie umgebende Zytoplasmaschlauch mit Zellkern und Chloroplasten. Bei tierischen Zellen fehlen die Chloroplasten und die feste Zellwand.

- **Biomembranen** sind ein wesentliches Element der Zelle. Sie sind sowohl Abschluss der Zelle als auch Pforte für den Austausch von Stoffen und Signalen. Das Zytoplasma ist durch Membranen in Funktionsräume gegliedert: es ist **kompartimentiert**. Nach heutigen Vorstellungen ist die Membran aus einer doppelten Lipidschicht aufgebaut, in der große Proteinmoleküle mosaikartig verteilt und verankert sind. Dieses **Flüssig-Mosaik-Modell** von SINGER und NICOLSON trifft auf den Membranbau aller Zellformen zu.
- Im Plasma einer eukaryotischen Zelle sind viele verschiedene **Organellen** enthalten, die den vielfältigen Funktionen des Stoffwechsels, der Bewegung und der Informationsvermittlung dienen. Zellkern, Chloroplasten und Mitochondrien sind von einer doppelten Membranhülle umgeben; das Endoplasmatische Retikulum, der Golgi-Apparat und enzymhaltige Vesikel werden von einer einfachen Membran abgegrenzt. Daneben gibt es auch Organellen ohne Membran wie die Ribosomen und das Zytoskelett. Mithilfe der Methode der Zentrifugation kann man die Zellorganellen trennen, anreichern und isoliert untersuchen.
- Die wichtigsten **organischen Stoffgruppen** sind Kohlenhydrate, Fette (Lipide), Proteine und Nukleinsäuren. In allen Gruppen werden **Makromoleküle** gebildet, also große Moleküle, die aus kleineren Untereinheiten (Monomeren) zusammengesetzt sind.
- Bei der Verbindung von Atomen zu Molekülen unterscheidet man die **kovalente Bindung**, die durch Bildung eines gemeinsamen Elektronenpaares entsteht, von der **Ionenbindung**, die auf der Anziehung gegensätzlich geladener Teilchen beruht. Dabei spielt die **Elektronegativität** eine entscheidende Rolle: Sie bestimmt, wie stark Bindungselektronen von einem Atom angezogen werden. Bei ungleicher Elektronegativität ergeben sich **polare** kovalente Bindungen, bei denen das Molekül positive bzw. negative Teilladungen und damit Pole besitzt. Wasser ist eine solche polare Verbindung, hier ziehen sich die Moleküle durch die Teilladungsunterschiede schwach an und bilden untereinander **Wasserstoffbrückenbindungen**. Die Lösungseigenschaften von Stoffen hängen damit zusammen: **hydrophile** Stoffe sind polar, **hydrophobe** unpolar gebaut.

Die Zelle als System

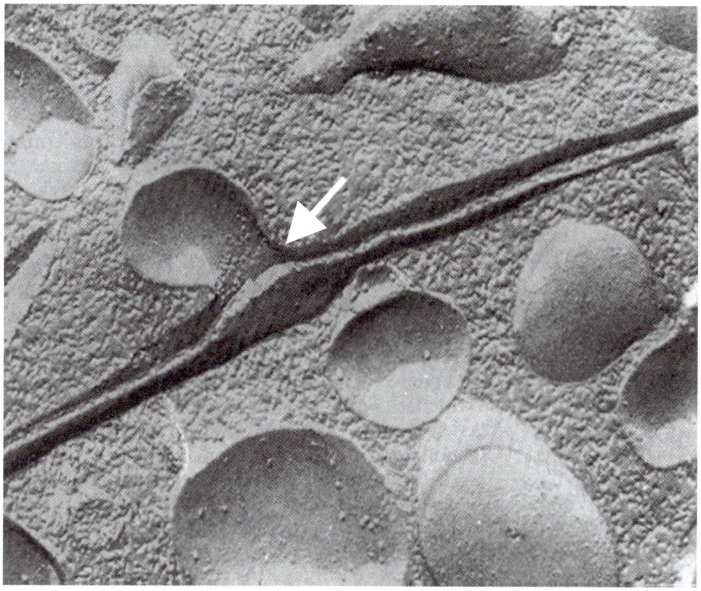

Aus β-Zellen der Bauchspeicheldrüse wird das Hormon Insulin durch Wanderung von Membranbläschen nach außen abgegeben (Exozytose).
Das Bläschen verschmilzt dabei mit der Zellmembran (Pfeil).

„Auch wenn man die Zelle in ihre Einzelteile zerlegt, muss man daran denken, dass kein Organell für sich allein arbeitet (…) Die Zelle ist ein lebendiges Ganzes, das mehr ist als die Summe seiner Teile."

Neil A. Campbell, *Biologie,* 1997

1 Zellen sind offene Systeme

Im vorangegangenen Kapitel wurden mit den Organellen und den wichtigsten Stoffgruppen die grundlegenden Bestandteile der Zelle vorgestellt. Leben ist aber nicht einfach mit der Ansammlung solcher Bestandteile gegeben, sondern erfordert ihr geordnetes Zusammenwirken. So wie in einer Fabrik die Geräte und Werkzeuge sinnvoll zur richtigen Zeit und an der richtigen Stelle eingesetzt werden müssen, damit ein brauchbares Ergebnis erzielt wird, müssen auch in der Zelle die Funktionen der Organellen und selbst der Moleküle in einem geordneten Muster koordiniert sein. Das soll am Beispiel der Nahrungsaufnahme und -verarbeitung beim Pantoffeltierchen verdeutlicht werden (Abb. 34).

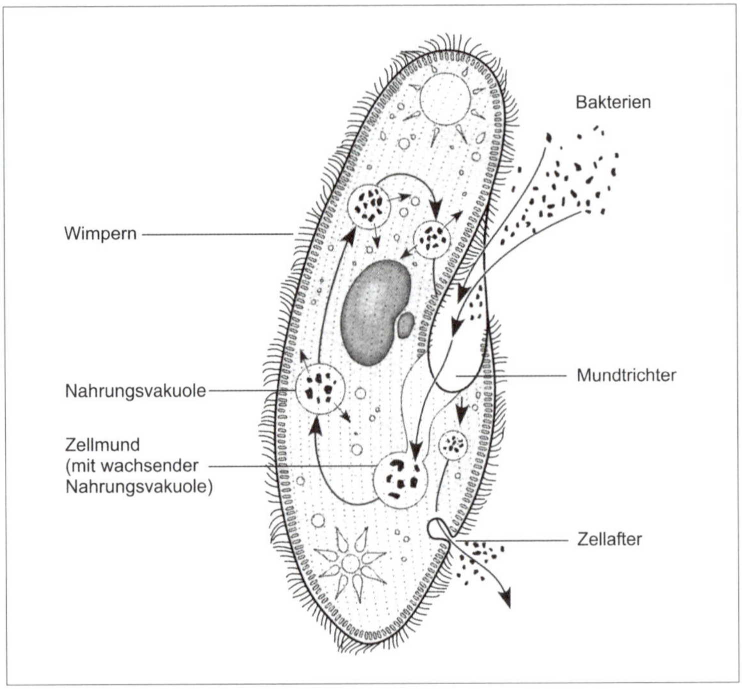

Abb. 34: Nahrungsaufnahme beim Pantoffeltierchen

Das Pantoffeltierchen ernährt sich vor allem von Bakterien. Diese Nahrungspartikel sind zu groß, als dass sie durch die Zellmembran diffundieren könnten. Deshalb strudelt das Pantoffeltierchen mithilfe seiner Wimpern Wasser in den Mundtrichter, wo die Bakterien in einem Membranbläschen aufgenommen werden („Zellmund"). Dieses Bläschen wird nach innen abgeschnürt und wandert mit der Plasmaströmung durch die Zelle. Dabei verschmelzen Lysosomen mit dem Nahrungsvesikel und bringen so Verdauungsenzyme hinzu. Die aus dem Abbau der Bakterien gewonnenen kleinmolekularen Verbindungen wie Glucose und Aminosäuren werden aus dem Nahrungsvesikel ins Plasma transportiert, sie stehen dort zur Synthese zelleigener Stoffe und zur Energiegewinnung in den Mitochondrien zur Verfügung. Die unverdaulichen Nahrungsreste werden im Bläschen wieder zur Zellmembran befördert, hier verschmilzt das Bläschen mit der Membran und gibt die Reste nach außen ab. Die in den Mitochondrien aus der Glucose gewonnene Energie wird in ATP-Molekülen gespeichert und kann so z. B. wieder als Antrieb für die Wimpernbewegung zur Fortbewegung und Nahrungsaufnahme dienen.

ATP → siehe S. 23

Schon diese kurze Beschreibung zeigt, dass die Zellorganellen in sehr geordneter Weise zusammenwirken müssen, damit die Lebensfunktionen erfüllt werden.

Ein geordnetes Zusammenwirken von vielen Einzelstrukturen mit unterschiedlicher Funktion bezeichnet man als **System**.

Dabei steht das System Zelle in dauerndem Austausch von Stoffen und Energie mit seiner Umgebung, es ist also ein **offenes System**. Bei der Suche nach einem Modell aus der unbelebten Natur haben Physiker die Kerzenflamme vorgeschlagen. Die Flamme besteht als sichtbare Gestalt nur so lange, wie der Zustrom energiereicher Substanz (Kerzenwachs) und die Abgabe der Verbrennungsprodukte (Kohlenstoffdioxid und Wasser) im Gleichgewicht sind. Und ebenso wie ein Organismus zum Nahrungserwerb und zur Verdauung Energie bereitstellen muss, muss auch die Kerzenflamme durch ihre eigene Wärmeenergie sich das Wachs erst durch Schmelzen und Verdampfen verfügbar machen. Zudem gewinnt die Kerze ihre Energie durch Sauerstoffaufnahme und Oxidation der energiereichen Wachse, ähnlich wie in den Mitochondrien energiereiche Verbindungen oxidiert werden.

Oxidation → siehe S. 19

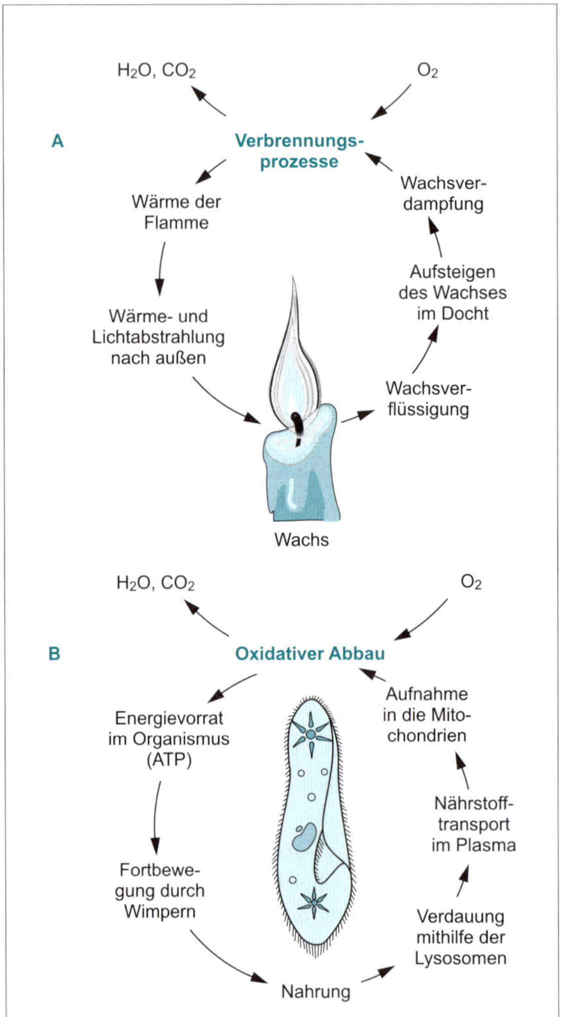

Abb. 35: Die Kerzenflamme (A) als Modell für das offene System Zelle (B): Nahrungsaufnahme und Energieumsetzung.

2 Der Transport von Stoffen durch Membranen

Die Kompartimentierung der Zelle in membranumschlossene Räume erfordert eine genauere Betrachtung der Frage, wie Stoffe durch Membranen hindurch gelangen können. Membranen sind in erster Linie Abgrenzungen, durch die nicht alle Stoffe frei **diffundieren** können.

Ihr Aufbau aus einer Lipiddoppelschicht, deren innerer Bereich hydrophob ist, lässt lipophile Substanzen gut durch sie hindurch dringen. Man hat Membranen daher als „Lipidfilter" bezeichnet. Andererseits werden aber auch polare und damit wasserlösliche Moleküle nicht ganz zurückgehalten; wenn sie klein genug sind, können sie durch die Zwischenräume in der Lipidschicht hindurchtreten. Das trifft vor allem auf Wassermoleküle zu, für die die Membran kein Hindernis darstellt. In Bezug auf polare Moleküle wirkt die Membran also wie ein feiner Filter, größere Teile werden zurückgehalten. Solche größeren wasserlöslichen Stoffe können nur mit besonderen **Transporthilfen** durch die Membran gelangen, wobei Proteine eine wesentliche Rolle spielen. Wenn die Proteine dabei nur die Diffusion bestimmter Stoffe mit dem Konzentrationsgefälle ermöglichen, spricht man von erleichterter Diffusion. Mithilfe von Energieeinsatz können aber Substanzen durch Proteine auch gegen ihr Konzentrationsgefälle transportiert werden, hier liegt dann aktiver Transport vor (Abb. 36).

Da Membranen auf diese Weise nur bestimmte Stoffe hindurch lassen, bezeichnet man sie als **selektiv permeabel** (auch **semipermeabel**).

lipophil: griech. *lipos* Fett, *philein* lieben; fettlöslich

Bei der Beschreibung osmotischer Vorgänge hat sich die Bezeichnung **semipermeabel** eingebürgert. Sie bezieht sich auf die Tatsache, dass hier nur die Wanderung von Wassermolekülen durch die Membran einerseits und das Zurückhalten gelöster Stoffe andererseits von Bedeutung ist. Genau genommen sind alle Membranen selektiv permeabel.

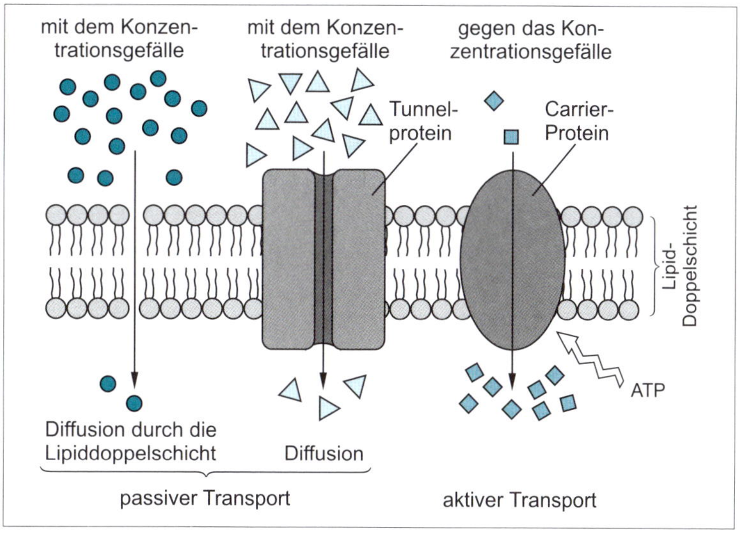

Abb. 36: Schema der Transportformen durch Membranen

2.1 Diffusion

Die Teilchen (Moleküle, Atome) eines Stoffes befinden sich in ständiger Bewegung. Sie besitzen daher Bewegungsenergie (kinetische Energie), die mit zunehmender Temperatur ansteigt. Man kann diese Eigenbewegung der Moleküle im Mikroskop indirekt sichtbar machen: Ein Tropfen mit Wasser verdünnter Milch wird auf einen Objektträger unter ein Deckglas gebracht. Bei mittlerer Vergrößerung sieht man die Fetttröpfchen der Milch in ihrer wässrigen Umgebung hin und her zittern. Diese Zitterbewegung (Abb. 37 C) beruht auf dem Anstoß der nicht sichtbaren Wassermoleküle, die von allen Seiten auf die Fetttröpfchen aufprallen. Nach dem Entdecker dieses Phänomens wird es als **Brown'sche Bewegung** bezeichnet. Aufgrund der Eigenbewegung der Teilchen breitet sich ein gelöster Stoff ohne äußere Einwirkung aus.

Robert Brown (1773–1858): Arzt und Biologe. Er entdeckte 1828 die nach ihm benannte Molekularbewegung in der Zelle.

Diffusion ist die gleichmäßige Verteilung der Teilchen im Raum, die durch ihre Eigenbewegung bewirkt wird.

Obwohl die Bewegung der Teilchen völlig ungeordnet und ungerichtet ist, erfolgt die Ausbreitung eines Stoffes durch Diffusion stets in der Richtung seines Konzentrationsgefälles. Das beruht darauf, dass beim Vorhandensein von Konzentrationsunterschieden in einer Lösung statistisch mehr Teilchen von der höheren Konzentration zur niedrigeren wandern als umgekehrt. Das Ergebnis ist eine gleichmäßige Verteilung aller gelösten Teilchen (Abb. 37 A/B). Da die Eigenbewegung mit zunehmender Temperatur schneller wird, ist die Diffusion nicht nur von der Art des Stoffes und vom Konzentrationsunterschied abhängig, sondern auch von der Temperatur.

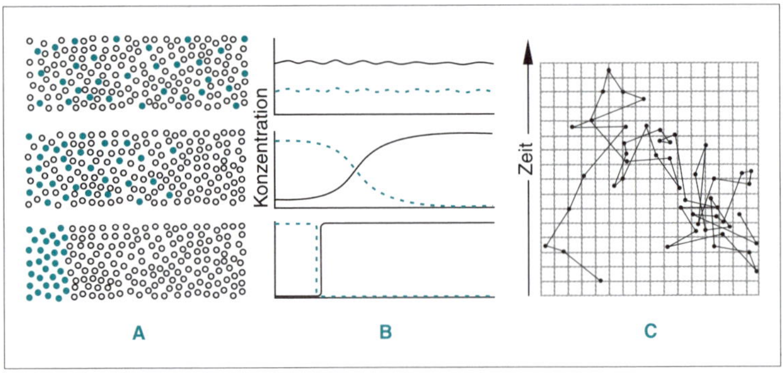

Abb. 37: (A) Diffusion, (B) Diagramme der zugehörigen Konzentrationsveränderung im Zeitverlauf; (C) Beispiel einer ungerichteten Brown'schen Molekularbewegung eines Partikels.

2.2 Osmose und Plasmolyse

Es ist ein bekanntes Phänomen, dass Pflanzen bei Wassermangel welken. Die Blätter werden schlaff, und ohne erneute Wasserzufuhr sterben sie ab. Das Nachlassen der Gewebespannung deutet darauf hin, dass Pflanzen in ihren Zellen durch das Wasser einen Innendruck oder **Turgor** erzeugen, der das Gewebe straff hält. Die Zellen müssen also die Fähigkeit besitzen, Wasser so stark aufzusaugen, dass in ihnen ein stabilisierender Druck entsteht, ähnlich wie der Luftdruck einen Autoreifen festigt. Am Zustandekommen des Zellinnendrucks ist die Membran, die die Vakuole umgibt, entscheidend beteiligt. Man bezeichnet sie daher als **Tonoplast**. Da Wassermoleküle aufgrund ihrer Größe ohne weiteres durch die Membran dringen, erfolgt die Wasseraufnahme nach den Gesetzen der Diffusion: die Moleküle wandern bevorzugt in die Richtung der niedrigeren Wasserkonzentration. Um also Wasser in die Zelle bzw. in die Vakuole zu saugen, ist es nötig, dass in der Vakuole eine geringere Wasserkonzentration herrscht als um die Zelle herum bzw. in der Nachbarzelle. Das ist dann der Fall, wenn im Zellsaft neben dem Wasser noch gelöste Stoffe, z. B. Glucose, enthalten sind. Je mehr Substanzen gelöst sind, umso niedriger ist die Konzentration des Wassers in der Lösung. Wenn von außen z. B. Regenwasser hinzukommt, das fast reines Wasser ist, werden pro Zeiteinheit mehr Wassermoleküle in die Zelle bzw. Vakuole eindringen als gleichzeitig hinaus diffundieren; es entsteht also ein nach innen gerichteter Nettofluss.

Turgor → siehe S. 49

Tonoplast: griech. *tonos* Spannung, *plastos* geformt

Nettofluss ist das Ergebnis der gesamten Diffusionsbewegungen, wenn man den Ausstrom mit dem Einstrom verrechnet.

Dieses System funktioniert aber nur unter der Bedingung, dass die im Zellsaft gelösten Substanzen auch darin bleiben – sonst würden sie nach demselben Gesetz der Diffusion sehr schnell aus der Zelle hinauswandern und den Konzentrationsunterschied zwischen Innen und Außen aufheben. Diese Diffusion der gelösten Teilchen wird durch die wie ein Filter wirkende Membran verhindert. Zuckermoleküle können im Unterschied zu Wassermolekülen nicht ohne weiteres durch die Membran wandern, der Zellsaft behält also seinen Überschuss an gelösten Teilchen bzw. seine geringere Wasserkonzentration.

Die Diffusion durch eine semipermeable bzw. selektiv permeable Membran bezeichnet man als **Osmose**.

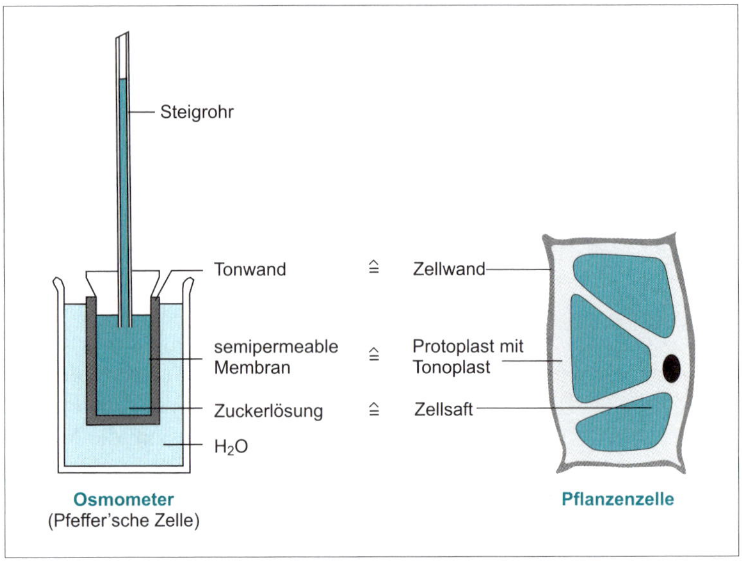

Abb. 38: Vergleich eines Osmometers mit einer Pflanzenzelle

Wilhelm PFEFFER (1845–1920): Botaniker an der Universität Leipzig.

Im Versuch kann man die Osmose am **Osmometer** (nach dem Erfinder auch Pfeffer'sche Zelle genannt) beobachten. Der Tonzylinder trägt innen eine semipermeable Membran, die dem Tonoplasten entspricht; die darin befindliche Zuckerlösung entspricht dem Zellsaft. Zusätzlich ist ein Steigrohr angebracht, das die Flüssigkeitszunahme zeigt, wenn man den Zylinder in destilliertes Wasser taucht. Hier wird deutlich, dass durch das hinein diffundierende Wasser die Wassersäule im Steigrohr hochgedrückt wird. Je höher das Wasser steigt, umso stärker wird der Druck dieser Wassersäule auf die Lösung im Tonzylinder. Die Höhe der Wassersäule hängt von der Konzentration der Lösung im Zylinder ab. Je mehr Zucker gelöst ist, umso geringer ist die Wasserkonzentration und umso mehr Wasser strömt ein. Andererseits wirkt der Druck der Wassersäule im Steigrohr auf die Lösung im Tonzylinder und damit auf die Zylinderwand. Durch diesen Gegendruck werden vermehrt Wasserteilchen nach außen gedrückt, sodass sich schließlich ein Gleichgewicht zwischen Ein- und Ausstrom einstellt.
Die Höhe der Wassersäule im Osmometer entspricht damit dem **osmotischen Druck** der Lösung. Je konzentrierter die Lösung, desto höher ist also ihr osmotischer Druck.

Der **osmotische Druck π** ist der Konzentration der Lösung proportional, er entspricht dem Druck, den die endgültig erreichte Höhe der Wassersäule im Osmometer erzeugt.

Wie im Osmometer wird auch in der Zelle durch das hinein diffundierende Wasser der Innendruck erhöht. Da aber hier die Zellwand fest ist, wird die Zelle durch den steigenden Innendruck stabilisiert. Man bezeichnet den Innendruck als **Turgor** oder Wanddruck der Zelle. Es ergibt sich damit folgender Zusammenhang:

Turgor: lat. *turgescere* schwellen

$S = \pi - W$

also:

Saugkraft der Zelle = osmotischer Druck des Zellsafts – Wanddruck (Turgor)

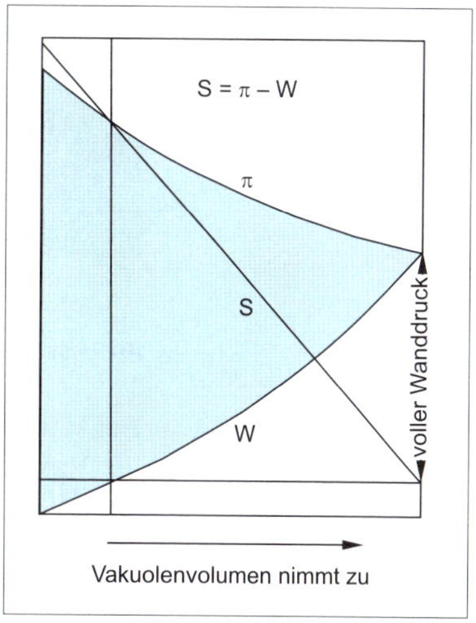

Abb. 39: Das Diagramm veranschaulicht den Zusammenhang von osmotischem Druck, Saugkraft und Wanddruck in einer Zelle.

iso-: griech. *isos* gleich

hyper-: griech. *hyper* über

hypo-: griech. *hypo* unter

Lösungen mit der gleichen Konzentration wie der Zellsaft heißen **isotonisch**, solche mit höheren bzw. niedrigeren Konzentrationen nennt man **hypertonisch** bzw. **hypotonisch**. In einem osmotischen System diffundiert also so lange Wasser in Richtung der hypertonischen Lösung, bis entweder auf beiden Seiten die gleiche Konzentration erreicht ist oder bis in der Zelle der Wanddruck so groß geworden ist wie der osmotische Druck des Zellsafts. Befindet sich die Zelle in einer isotonen Umgebung, dann ist das osmotische System in einem dynamischen Gleichgewicht: Es wandern gleich viele Wasserteilchen in beide Richtungen durch die Membran.

Auf Osmose beruhende Vorgänge lassen sich vielfach beobachten. Reife Kirschen platzen im Regen oft auf, da ihr Zellsaft viel gelöste Glucose enthält, während der Regen fast destilliertem Wasser entspricht und entsprechend stark in die Zellen aufgenommen wird. Auch die Zellmembranen in unserem Körper sind semipermeabel und damit osmotisch wirksam. Deshalb muss die Blutflüssigkeit und die zwischen den Zellen befindliche Flüssigkeit genau auf die Konzentration der Flüssigkeit innerhalb der Zellen abgestimmt sein. Ein rotes Blutkörperchen platzt, wenn es in hypotone Lösung gerät. In hypertoner Umgebung dagegen schrumpft es zur Stechapfelform zusammen (Abb. 40). Bei Flüssigkeitszufuhr direkt ins Blut muss daher eine isotone Lösung verwendet werden, die „physiologische Kochsalzlösung“. Das ist eine 0,9 %-ige Lösung von Kochsalz in Wasser.

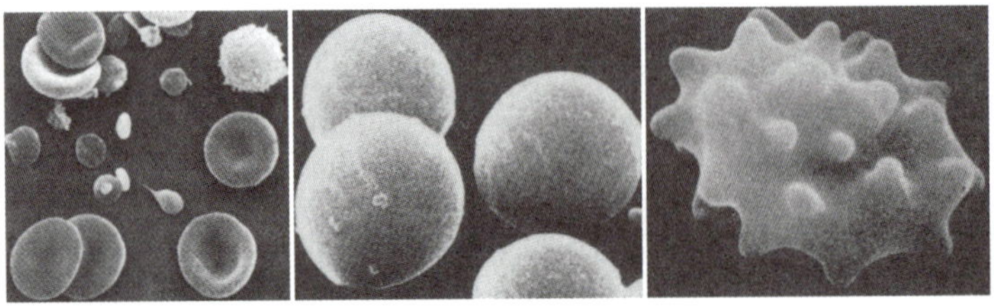

Abb. 40: Auswirkungen der Osmose auf menschliche Erythrozyten: (A) normale Form, (B) Erythrozyt in hypotonischer, (C) in hypertonischer Lösung (Stechapfelform).

Bei Wasserverlust, wie er für das Welken verantwortlich ist, kann sich die Vakuole der Pflanzenzelle so stark zusammenziehen, dass der sie umhüllende Plasmaschlauch sich von der Zellwand ablöst. Dies bezeichnet man als **Plasmolyse** (Abb. 41). Plasmolyse lässt sich leicht im Lichtmikroskop beobachten, wenn man z. B. ein Zwiebelhäutchen auf dem Objektträger in eine höher konzentrierte Glucoselösung legt. Gut geeignet ist für diesen Versuch die rote Zwiebel, da die Vakuolen ihrer Epidermiszellen rot gefärbten Zellsaft enthalten. Dadurch kann man die Verkleinerung der Vakuole gut beobachten, zudem weist die dabei intensiver werdende Färbung des Zellsafts auf den Wasseraustritt hin. Mit der Plasmolyse ist die Zelle noch nicht abgestorben: Nach Ersetzen der Außenlösung durch destilliertes Wasser diffundiert wieder Wasser in die Zelle, der Plasmaschlauch legt sich wieder an die Zellwand und der Turgor baut sich auf **(Deplasmolyse)**.

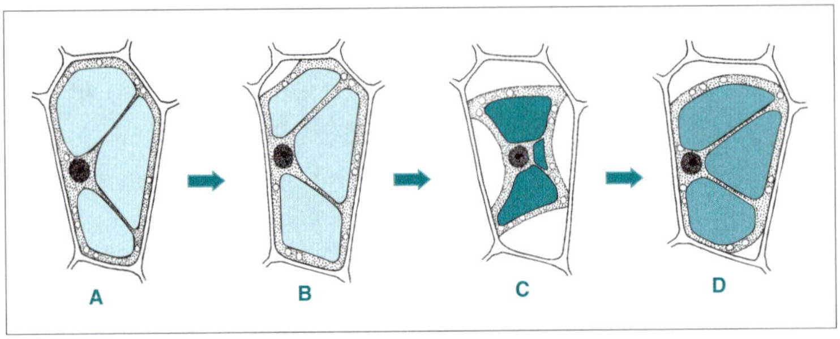

Abb. 41: (A–C) Ablauf der Plasmolyse in einer Pflanzenzelle in hypertonischer Lösung; (D) Deplasmolyse durch Übertragung der Zelle in destilliertes Wasser.

Exkurs: Der Ionenfallen-Versuch

Im Ionenfallenversuch kann die selektive Permeabilität der Biomembran sichtbar gemacht werden. Dazu nimmt man ein Präparat mit lebenden Zwiebelhautzellen und eine Lösung des Farbstoffs Neutralrot. Dieser Farbstoff hat unterschiedliche Eigenschaften, je nachdem ob er in neutraler oder in saurer Lösung vorliegt (Tabelle 3).

Der **pH-Wert** ist ein Maß für die Konzentration von Protonen (H^+-Ionen). Lösungen mit dem pH-Wert 7 sind neutral, Werte darunter bedeuten, dass es sich um saure, solche darüber, dass es sich um basische Lösungen handelt.

	Neutralrot-Molekül	Neutralrot-Ion
pH-Wert der Lösung	Neutral bis basisch	Sauer
Strukturformel	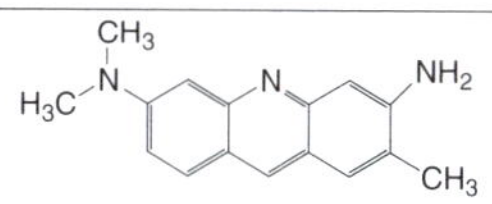	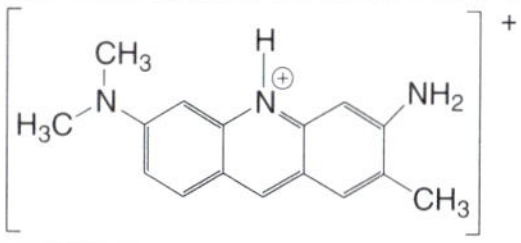
Löslichkeit	Fettlöslich: lipophil	Wasserlöslich: hydrophil
Farbe	Braunrot	Kirschrot

Tab. 3: Vergleich von Neutralrot-Molekül und Neutralrot-Ion

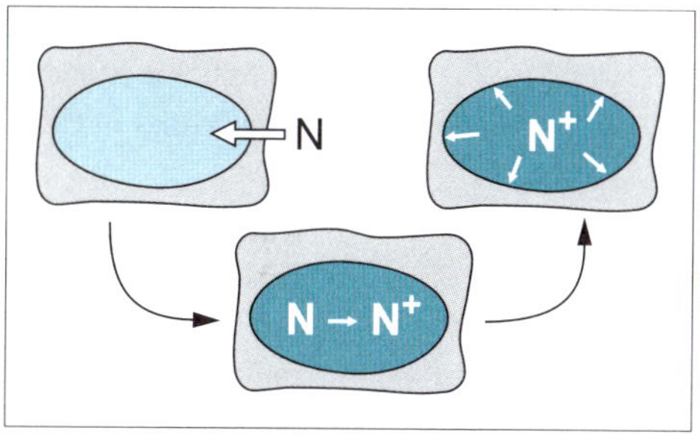

Abb. 42: Ionenfallen-Versuch mit Neutralrot

Legt man das Zwiebelhäutchen in die neutrale Farblösung, dann diffundiert der Farbstoff in die Zelle und färbt den Zellsaft rot. Das Neutralrot-Molekül ist unpolar und daher lipophil, sodass es trotz seiner Größe durch die Membranen wandern kann. Der Zellsaft färbt sich aber nicht braunrot, sondern kirschrot, wobei diese Färbung mit der Zeit immer intensiver wird. Das deutet darauf hin, dass der Zellsaft sauer ist (pH = 5,8), sodass das Neutralrot in dieser Lösung ein Proton aufnehmen kann und als Kation vorliegt. In dieser Form lagert es eine Hydrathülle an, ist daher insgesamt größer und kann nicht mehr durch den Tonoplast aus der Vakuole hinausgelangen. Die Vakuole wirkt daher als „Ionenfalle" (Abb. 42), in der das eingedrungene Neutralrot festgehalten wird und sich anreichert.

Tonoplast → siehe S. 47 f.

Dieser Versuch demonstriert eindrücklich den Zusammenhang von Ladungsverhältnissen der Teilchen und Permeabilität der Membranen.

2.3 Erleichterte Diffusion

Größere hydrophile Moleküle wie z. B. Glucose und vor allem auch Ionen können nicht frei durch Membranen diffundieren. Ionen sind als elektrisch geladene Teilchen nicht nur hydrophil, sondern bilden auch eine Hydrathülle um sich herum, durch die sie insgesamt zu groß für das freie Durchdringen einer Membran sind. Ionen sind an vielen Transportvorgängen durch Membranen beteiligt. Sie spielen eine wichtige Rolle bei der Erregungsleitung in Nerven- und Muskelzellen, da sie aufgrund ihrer Ladungseigenschaften Spannungsänderungen und elektrische Ströme bewirken können. Die Weiterleitung von Nervenimpulsen beruht auf solchen elektrischen Vorgängen.

Hydrathülle → siehe S. 16

Der Transport dieser Stoffe durch die Membran wird durch spezielle Proteine ermöglicht, die entweder Kanäle bilden oder als Transportproteine ein Molekül aufnehmen und auf die andere Membranseite befördern. In beiden Fällen folgen die Stoffe dabei dem Konzentrationsgefälle, es handelt sich um eine durch die Proteine erleichterte Diffusion.

Erleichterte Diffusion ist die durch spezielle Membranproteine ermöglichte Wanderung hydrophiler Substanzen durch die Biomembran. Sie erfolgt in Richtung des Konzentrationsgefälles.

Kanalproteine kann man sich als große, die ganze Membran durchdringende Moleküle mit einem hydrophilen Kanal oder Tunnel, durch den Ionen diffundieren können, vorstellen. Sie folgen dabei dem Konzentrationsgefälle. Bei manchen Kanalproteinen wird der Öffnungszustand über elektrische oder chemische Signale gesteuert, sodass sie sich z. B. nur beim Auftreten einer Spannungsänderung öffnen.

Unter **Konformation** versteht man die räumliche Gestalt von Molekülen.

Carrier: engl. Träger

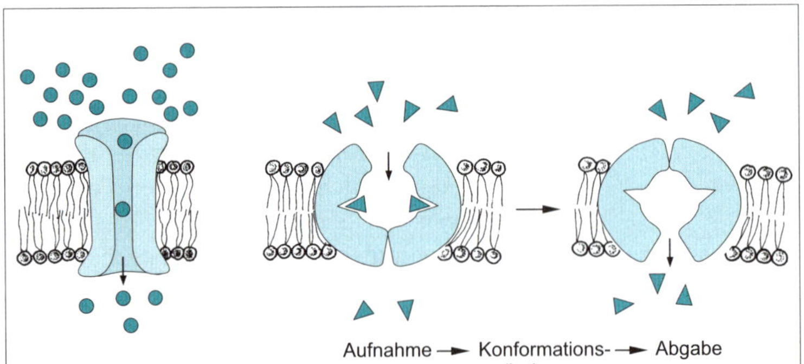

Abb. 43: Modelldarstellungen der erleichterten Diffusion durch Tunnelproteine (links) und durch Konformationsänderung eines Carrierproteins (mitte und rechts).

Das **Ruderboot-Modell** beschreibt den Transport von Stoffen durch eine Membran mithilfe von Carrierproteinen – analog dem Transport von Fahrgästen in einem Ruderboot. Die Moleküle werden vom Carrierprotein gebunden und auf die andere Membranseite gebracht. Das Modell beschreibt die Vorgänge nicht korrekt.

Transportproteine besitzen dagegen nicht nur einen Kanal, sondern binden die Moleküle kurzzeitig und befördern sie auf die andere Membranseite. Der genaue Mechanismus ist noch nicht endgültig geklärt. Sehr wahrscheinlich liegt aber keine Bewegung des Proteinmoleküls durch die Membran vor, wie sie im „Ruderboot-Modell" vorgestellt wird, sondern eine Formveränderung des Moleküls (eine Konformationsänderung), durch die das aufgenommene Teilchen zur anderen Seite gebracht wird. Der Vorteil dieser Transportform ist die spezifische Bindungs- oder Passform, durch die das Carrierprotein für eine bestimmte Molekülform zuständig ist (Abb. 43 rechts).

Ein Beispiel für den Transport durch ein Carrierprotein ist die Aufnahme von Glucose in rote Blutkörperchen. Auch der Carrier-Transport folgt den Konzentrationsverhältnissen, ist also eine erleichterte Diffusion. Allerdings ist der Zusammenhang mit der Konzentration anders als bei freier Diffusion (Abb. 44): Die Diffusion nimmt nicht proportional zur Erhöhung der Glucosekonzentration zu, sondern in Form einer Sättigungskurve. Das heißt, es wird eine „Höchstgeschwindigkeit" des Transports erreicht, die auch bei weiterer Erhöhung der Glucosekonzentration nicht überschritten wird. Das kommt daher, dass hier alle Carriermoleküle besetzt sind und auch bei vermehrtem Andrang von „Fahrgästen" nicht mehr Teilchen pro Zeiteinheit befördert werden können.

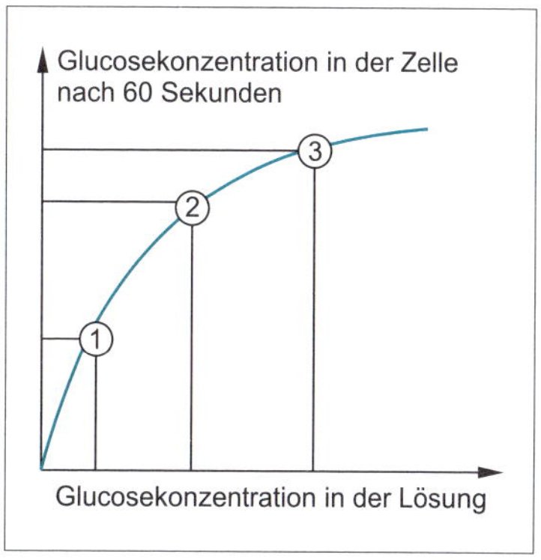

Abb. 44: Transport von Glucose durch eine Membran in Abhängigkeit von der Konzentration in der umgebenden Lösung: Sättigungskurve

2.4 Aktiver Transport

Während bei der erleichterten Diffusion der Stofftransport nur bis zum Konzentrationsausgleich führt, vermag die Zelle durch **aktiven Transport** auch Substanzen gegen das Konzentrationsgefälle hinein- oder hinauszubefördern. Dabei werden also die Konzentrationsunterschiede verstärkt. Auch hierbei sind Membranproteine beteiligt. Allgemein kann man sich den aktiven Transport so vorstellen, dass sich das Molekül oder Ion aufgrund seiner Passform an ein spezifisches Carrierprotein anlagert. Durch die Spaltung von ATP wird die Energie geliefert, die die Konformation des Proteins ändert und das Teilchen damit gegen das Konzentrationsgefälle durch die Membran befördert.

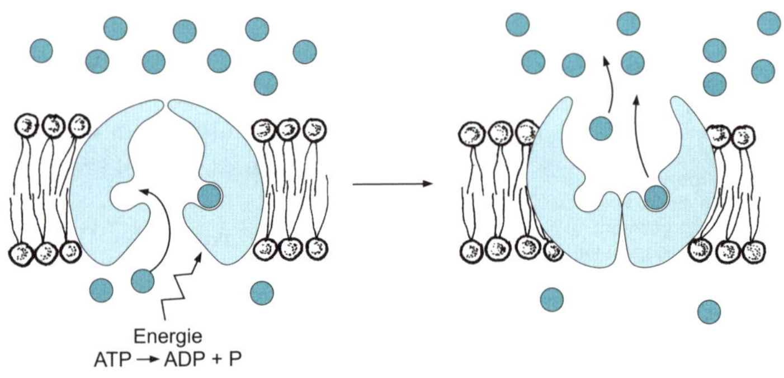

Abb. 45: Modell des aktiven Membrantransports

Bei der bereits erwähnten Erregungsleitung in Nerven- und Muskelzellen müssen die beteiligten Na^+- und K^+-Ionen durch aktiven Transport immer wieder sortiert werden, damit sie bei erneuter Reizung durch erleichterte Diffusion wieder die Erregung weiterleiten können. Es ist daher nicht verwunderlich, dass in Nervenzellen über 50 % der in den Mitochondrien gewonnenen Energie allein für den aktiven Transport von Ionen über die Zellmembran aufgewendet wird.

Aktiver Transport ist die Bewegung einer Substanz durch eine Biomembran gegen das Konzentrationsgefälle. Der aktive Transport benötigt Energie und wird von spezifischen Proteinmolekülen bewerkstelligt.

2.5 Der Transport größerer Partikel durch die Membran

Die bisher angesprochenen Transportmechanismen durch die Membran können neben Ionen auch kleinere organische Moleküle wie Glucose und Aminosäuren bewältigen. Für Makromoleküle oder gar größere Partikel ist ein direkter Durchtritt durch die Membran auch mithilfe von Transportproteinen nicht möglich. Solche großen Teilchen werden vielmehr von einem Membranteil eingeschlossen und mit ihm zusammen als Bläschen abgeschnürt. Sie befinden sich dann als **Vesikel** im Plasma der Zelle.

vgl. Nahrungsaufnahme beim Pantoffeltierchen → siehe S. 42 ff.

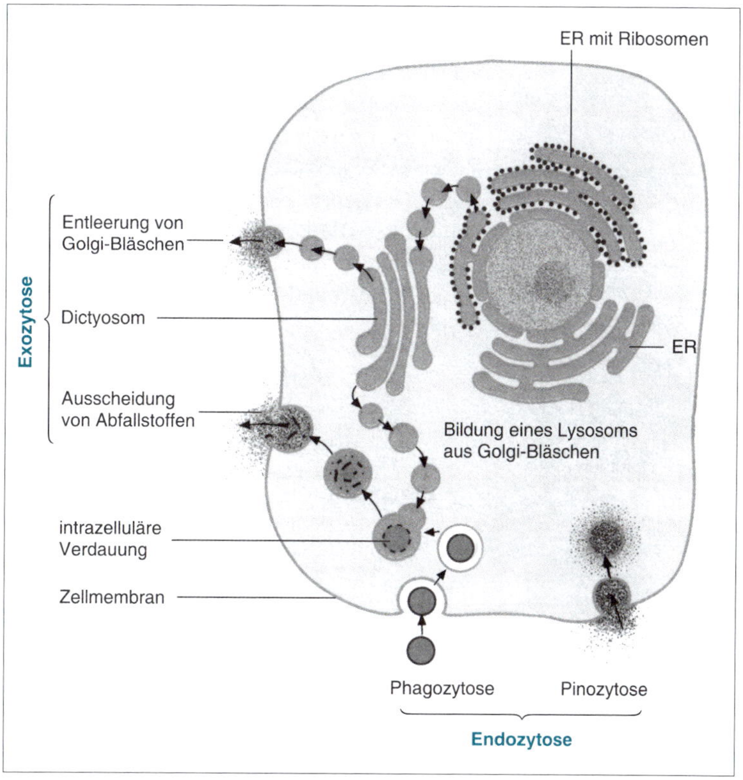

Abb. 46: Schema des Stoffaustauschs einer Zelle durch Exo- und Endozytose

Man unterscheidet folgende Formen:

Endozytose: Aufnahme von Stoffen in die Zelle, dabei ist

- **Pinozytose** die Aufnahme flüssiger Substanzen,
- **Phagozytose** die Aufnahme fester Partikel.

Exozytose: Abgabe von Stoffen nach außen.

endo-: griech. endon innen

pino-: griech. *pinein* einsaugen

Phagozytose ist die Aufnahme von Partikeln in die Zelle, wobei die Partikel in ein Membranbläschen der Plasmamembran eingeschlossen werden.

exo-: griech. *exo* außen, heraus

Wie das Beispiel Pantoffeltierchen zeigt, ist die Endozytose ein wichtiger Vorgang der Nahrungsaufnahme bei Einzellern. Aber auch im menschlichen Körper spielen solche Vorgänge eine wichtige Rolle: z. B. werden eingedrungene Bakterien von weißen Blutkörperchen, den Makrophagen, durch Phagozytose aufgenommen und vernichtet (Abb. 47).

Makrophagen: griech. *makros* groß, *phagein* fressen

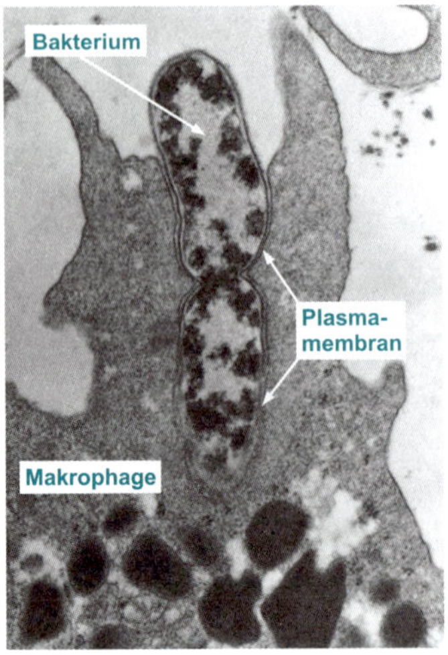

Abb. 47: Ein in Teilung befindliches Bakterium wird von einem Makrophagen durch Phagozytose aufgenommen.

3 Prozyte und Euzyte – die zwei Organisationsstufen der Zelle

Prokaryoten (griech. *karyotos* gekernt, kernig) sind Organismen, deren Zellen keinen Kern enthalten, sondern freie DNA; hierzu gehören die echten Bakterien mit den Cyanobakterien (Blaualgen) und Archaebakterien.

Eukaryoten sind Organismen, deren Zellen einen mit einer Doppelmembran ausgestatteten Zellkern, Mitochondrien und evtl. Chloroplasten enthalten.

Lebewesen lassen sich nach ihrer Zellform in zwei große Bereiche einteilen: die **Prokaryoten** und die **Eukaryoten**. Die Bezeichnung bezieht sich auf den Zellkern, der nur bei den Eukaryoten vorhanden ist. Die Prokaryoten besitzen keinen membranumhüllten Kern, bei ihnen liegt das Erbgut frei im Plasma. Diesen beiden Gruppen entsprechend bezeichnet man die jeweilige Zellform als **Prozyte** (bei Prokaryoten) und als **Euzyte** (bei Eukaryoten). Die Prozyte tritt nur bei Bakterien, Blaualgen (Cyanobakterien) und Archaebakterien auf, alle übrigen Organismen bestehen aus Euzyten (Abb. 48).

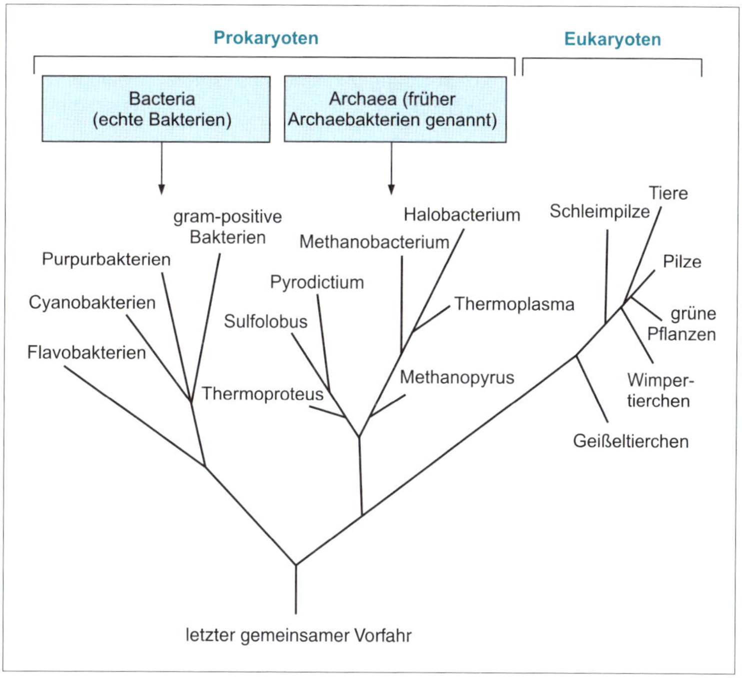

Abb. 48: Moderne Stammbaumdarstellung der Organismen, basierend auf der Berechnung genetischer Unterschiede (vereinfacht).

Die wichtigsten Strukturunterschiede zwischen beiden Zellformen sind in folgender Tabelle zusammengestellt.

Prokaryoten: Zellorganisation Prozyte	**Eukaryoten: Zellorganisation Euzyte**
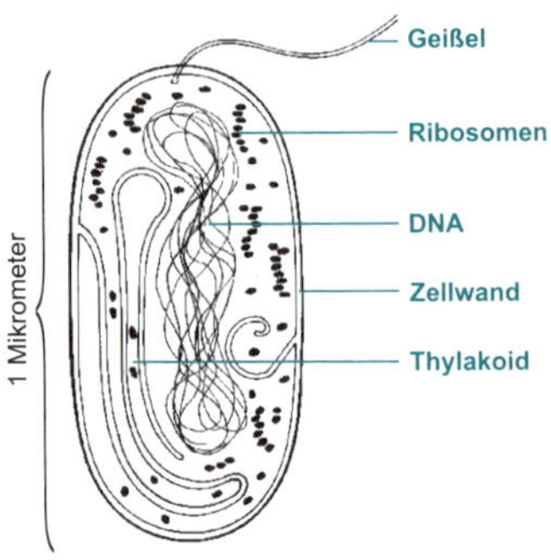	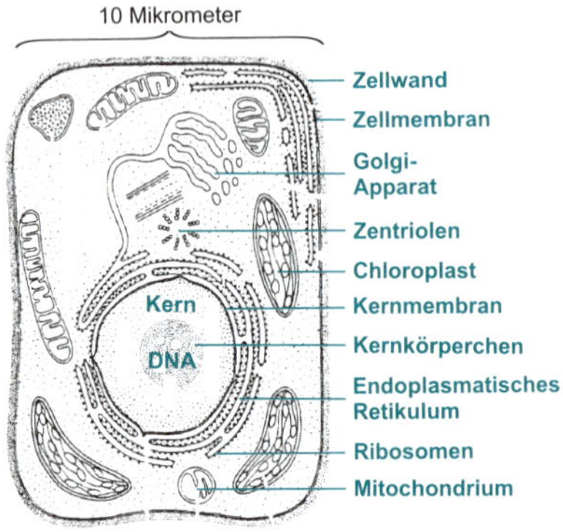
zumeist kleine Zellen: 0,2–10 μm	zumeist größere Zellen: 10–100 μm
Erbanlagen in einem einzelnen DNA-Strang ohne Membranumhüllung	Erbanlagen in 2–600 Chromosomen gelagert, die aus DNA und Proteinen bestehen. Chromosomen befinden sich in einem Kern mit doppelter Membran
enthält außer Ribosomen keine Zellorganellen	gewöhnlich mit Mitochondrien, fotosynthetische Zellen mit Chloroplasten
Zytoskelett fehlt	Zytoskelett und Spindelapparat vorhanden
einfache Membranen im Zellinnern aus Einstülpungen der Zellmembran	eigenständiges inneres Membransystem: Golgiapparat, ER
einfache Geißeln	komplexe Geißeln
viele verschiedene Stoffwechselformen (neben Atmung und Fotosynthese auch chemoheterotrophe Formen: Gärung, sulfatabbauende Bakterien, Methanbildner)	vorwiegend oxidativer Stoffwechsel; Fotosynthese

Tab. 4: Unterschiede in der Organisation der Prozyte und der Euzyte

Die deutlich höher entwickelte und mit vielen differenzierten Organellen ausgestattete Euzyte ist in der Evolution vor ca. 1,8 Mrd. Jahren entstanden, während prokaryotisches Leben schon in 3,5 Mrd. Jahre alten Gesteinen fossil nachzuweisen ist. Wie hat sich die Evolution der Euzyte aus diesen einfachen Vorformen vollzogen?

Die **Endosymbionten-Theorie** erklärt den Ursprung der Eukaryotenzelle; ihr zufolge ist die eukaryotische Zelle aus der symbiontischen Vereinigung von prokaryotischen Zellen entstanden. Als Reste endosymbiontischer Prokaryoten werden Mitochondrien, Chloroplasten und Geißeln eukaryotischer Zellen angesehen.

Endosymbionten sind Lebewesen, die nicht-parasitär im Innern eines Wirtsorganismus leben.

Endozytose → siehe S. 56

Eine Antwort gibt die **Endosymbiontentheorie**: Die Euzyte ist durch Vereinigung mehrerer Prozyten entstanden! Auch bei heute lebenden Organismen kennt man die Erscheinung der **Endosymbiose**, dass nämlich eine Art in einer anderen lebt und beide davon Nutzen haben. Bei Einzellern bedeutet das, dass der eine Symbiont in der Zelle des anderen lebt. Eine Pantoffeltier-Art *(Paramecium bursaria)* lebt auf diese Weise in Symbiose mit mehreren einzelligen Grünalgen (*Chlorella*, Abb. 49), durch die es deren Fotosyntheseprodukte direkt erhält. Dabei liegt jede Grünalge in einem Membranbläschen: ein Hinweis darauf, dass sie durch Endozytose mit der Nahrung aufgenommen wurde. Auch die Grünalgen haben Vorteile durch das Zusammenleben: sie sind besser geschützt und erhalten von ihrem „Wirt“ zudem noch Kohlenstoffdioxid aus der Atmung.

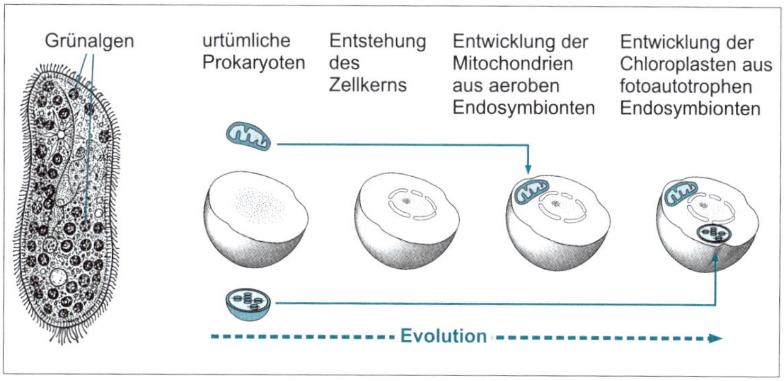

Abb. 49: Endosymbiose vom Pantoffeltierchen *Paramecium bursaria* mit Grünalgen (links); Entstehung der Euzyte gemäß der Endosymbiontentheorie (rechts).

Ähnlich stellt man sich den Prozess in der Evolution vor: Durch symbiontische Aufnahme von Blaualgen in einen anderen Prokaryoten entstanden die Chloroplasten als Dauergäste ohne eigenständiges Leben, ebenso wurden Mitochondrien und Geißeln als ursprünglich eigenständige Prozyten von anderen einverleibt. Diese Symbionten wurden in das System Zelle integriert, haben aber bis heute noch Spuren ihrer ursprünglichen Eigenständigkeit erhalten. Dazu gehört vor allem das Vorhandensein eigener DNA in Chloroplasten und Mitochondrien, wie auch die innere Membran dieser Organelle, die deutliche prokaryotische Eigenschaften besitzt.

Prozyte, Euzyte → siehe S. 57 f.

Zusammenfassung – Die Zelle als System

- Zellen sind **offene Systeme**, da sie ständig mit ihrer Umgebung in Stoff- und Energieaustausch stehen.
- Aufgenommene Stoffe werden in hochgeordneten Stoffwechselprozessen zur Energiegewinnung und zum Zellaufbau verarbeitet. Dabei spielt der **Transport** von Substanzen durch die Zellmembranen eine wesentliche Rolle.
- Membranen sind **selektiv permeabel**, d. h. sie lassen nur lipophile und kleine hydrophile Moleküle hindurchdiffundieren. Andere Moleküle benötigen Transporthilfen wie **Carrier** bzw. aktiven Transport. Beim **aktiven Transport** wird Energie verbraucht, dabei können Stoffe auch gegen das Konzentrationsgefälle befördert werden.
- Eine für die Lebensvorgänge wichtige Folge der selektiven Permeabilität ist die **Osmose**. Bei ihr diffundiert das Lösungsmittel Wasser, gelöste größere Moleküle wie Glucose werden von der Membran zurückgehalten. Dadurch ist z. B. die Pflanzenzelle in der Lage, einen Zellinnendruck, den **Turgor**, aufzubauen und das Gewebe zu stabilisieren.

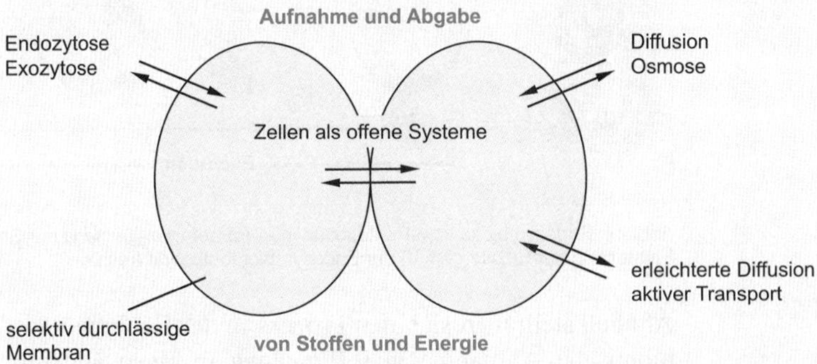

- Das System Zelle existiert in zwei Organisationsstufen: **Prozyte** und **Euzyte**.
- Bakterien stehen auf der Stufe der Prozyte, sie haben keinen Zellkern und außer Ribosomen keine Zellorganellen.
- Dagegen ist die Euzyte (alle übrigen Organismen) vor allem durch den Zellkern und weitere Zellorganellen wie Mitochondrien oder Chloroplasten gekennzeichnet.
- Die Entstehung der Euzyte aus ursprünglichen Prozyten erklärt die **Endosymbiontentheorie**. Nach ihr ist die Euzyte durch die Aufnahme von Prozyten in andere Prozyten und ihr anschließendes symbiontisches Zusammenleben entstanden.

Zellteilung und Zelldifferenzierung

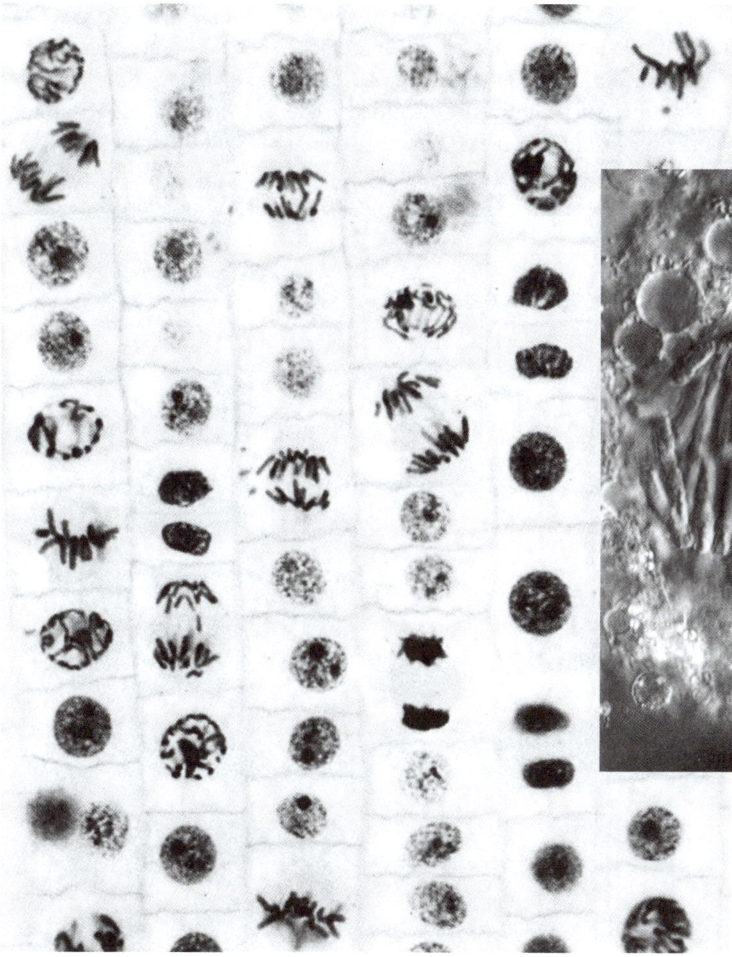

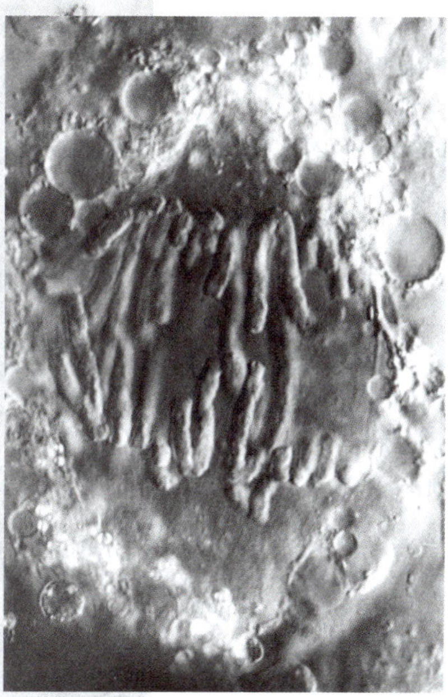

Zellteilungen in der Zwiebelwurzel. Eingesetztes Bild: Interferenzkontrast-Aufnahme eines Teilungsstadiums (Anaphase) im Samen der Blutblume *Haemanthus*.

„Es bedurfte einer ganzen Reihe von Jahren und der Mühe zahlreicher Forscher, bis die verschiedenen Stadien der Mitose richtig erkannt und richtig interpretiert waren. Jede neue Entdeckung bestätigte die Existenz dieses außerordentlich komplizierten Vorgangs der Zellteilung. Warum ist solche Komplexität notwendig? Warum teilen sich Zellen und Zellkern nicht einfach in der Mitte durch?"

Ernst Mayr, Die Entwicklung der biologischen Gedankenwelt, 1984

1 Zellteilung

Eine Pflanze nimmt mit den jüngsten Wurzelabschnitten Wasser und Nährsalze aus dem Boden auf. Während ihres ganzen Lebens wachsen daher die Wurzeln in die Länge und erschließen so immer neue Bereiche. Eine einzelne Getreidepflanze, die nur ein halbes Jahr von der Aussaat bis zur Ernte wächst, bildet in dieser Zeit mehrere Kilometer Wurzeln. Grundlage dieses Wachstums sind Zellteilungen, die dabei immer nahe der Wurzelspitze stattfinden. Daher ist z. B. die Zwiebelwurzel ein geeignetes Untersuchungsobjekt für Teilungsprozesse.

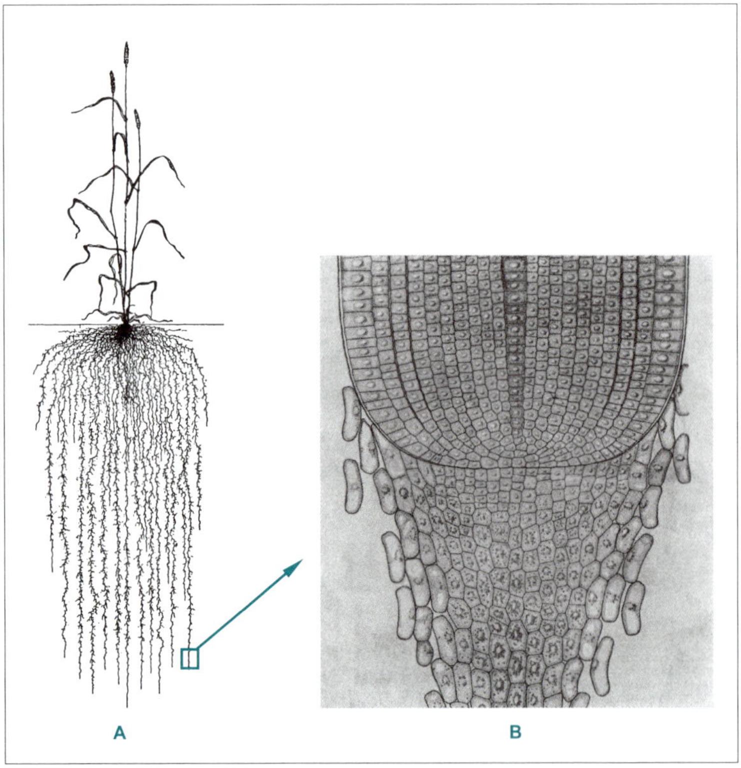

Abb. 50: (A) Wurzelsystem einer Getreidepflanze, (B) lichtmikroskopisches Bild eines Längsschnittes durch eine Wurzelspitze. Die Zellen im unteren Teil bilden die Wurzelhaube, die dem Schutz der teilungsfähigen Zellen der Wurzelspitze dient.

Kennzeichen des Lebendigen → siehe S. 4 f.

Auch bei Tier und Mensch hören die Zellteilungen mit Erreichen der endgültigen Körpergröße keineswegs auf: Es ist geradezu ein Kennzeichen lebender Systeme, dass sie ihre Substanz – und bei Vielzellern damit auch ihre Zellen und Gewebe – ständig erneuern. Besonders deutlich wird das bei der Haut, die an der Oberfläche ständig abgestorbene, verhornte Zellen abgibt und aus der tiefer liegenden Keimschicht neue Zellen durch Teilung nachbildet. Sie wird dadurch etwa alle 6 Wochen erneuert.

Aber auch in anderen Organen findet ein solcher Prozess statt:

- alle 5 Tage haben wir eine neue Magenschleimhaut
- die Leber wird innerhalb von 2 Monaten ausgetauscht
- rote Blutkörperchen leben maximal 120 Tage

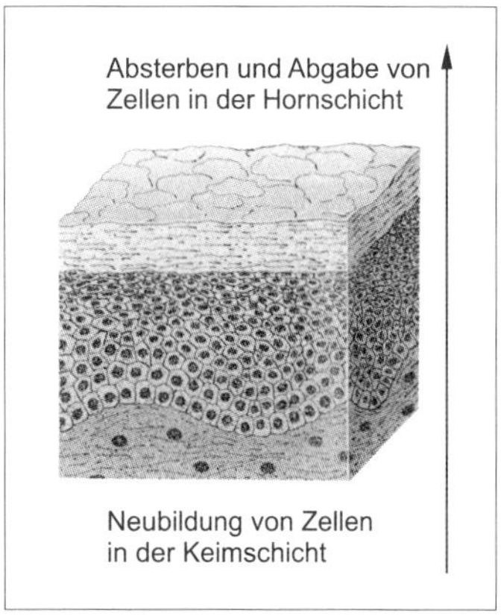

Abb. 51: Absterben und Erneuerung der menschlichen Haut

Zellteilung ist also die Grundlage des Wachstums und des Erhalts vielzelliger Organismen, bei Einzellern entspricht sie sogar der Vermehrung des ganzen Lebewesens. Grundsätzlich gilt dabei, dass die beiden entstehenden Tochterzellen jeweils die vollständige und identische Erbinformation erhalten, die auch in der Mutterzelle vorhanden ist. Das setzt voraus, dass die Erbinformation vor der Teilung verdoppelt wird, sodass zwei identische Kopien vorliegen, die dann auf die Tochterzellen verteilt werden. Sowohl das Kopieren als auch das Aufteilen auf die neuen Zellen muss mit höchster Präzision ablaufen, da sonst erhebliche Defekte in den Tochterzellen auftreten würden. Bei der Prozyte ist der Teilungsprozess relativ einfach, während die Euzyte mit ihrem Zellkern einen sehr komplexen Ablauf der Teilung zeigt, der bis heute noch nicht in allen Einzelheiten geklärt ist.

1.1 Mitose: Eine Euzyte teilt sich

Mitose: griech. *mitos* Faden

Längsschnitt einer Wurzelspitze → siehe Kapitelanfangsbild, S. 61

Chromosom → siehe S. 23

Im Längsschnitt einer Wurzelspitze erkennt man einige Zellen, deren Kerne sich in Teilung befinden. Das Erbmaterial ist in Chromosomen organisiert, wodurch die genaue Verteilung auf die beiden Tochterzellen möglich ist. Man erkennt, dass das Chromosomenmaterial dabei verschiedene Phasen durchläuft.

Zytokinese: griech. *kytos* Zelle, *kinesis* Bewegung

Den gesamten Ablauf der Kernteilung bezeichnet man als **Mitose**. Sie geht stets der abschließenden Teilung der Zelle, der **Zytokinese**, voraus.

Obwohl die Kernteilung kontinuierlich abläuft, wie sich auch an Zeitrafferaufnahmen lebender Zellen zeigen lässt, teilt man sie zur Vereinfachung der Beschreibung in fünf aufeinanderfolgende Phasen ein.

Prophase

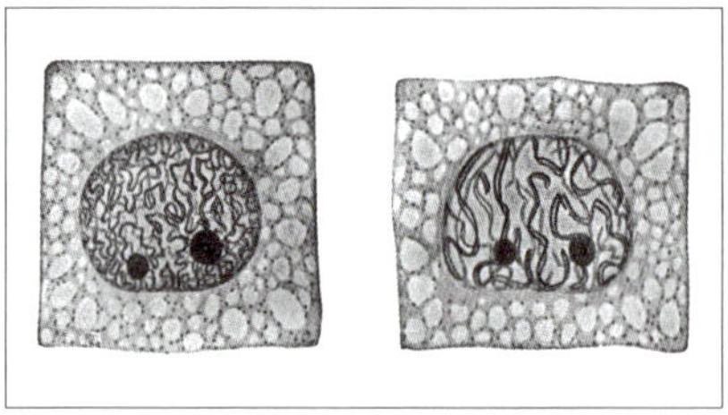

Abb. 52: Prophase

Im Zellkern befinden sich die Chromosomen vor der Mitose als langgezogene, dünne Fäden (Chromatinfäden) in einem dichten Knäuel, sodass man sie nicht individuell im Mikroskop unterscheiden kann. Für die Kernteilung werden diese langen Fäden durch Spiralisierung verkürzt und verdickt, dadurch lassen sie sich gut transportieren und auf die Tochterzellen verteilen. Mit dieser Verkürzung beginnt die Prophase, die Chromosomen werden erkennbar. Jedes Chromosom besteht dabei aus zwei gleichen Teilen, den Chromatiden, die am Zentromer miteinander verbunden sind. Im Kern vorhandene Nukleoli verschwinden. Gleichzeitig beginnt im Zytoplasma die Ausbildung des Spindelapparats. Die Spindelfasern werden aus Teilen des Zytoskeletts, den Mikrotubuli, gebildet und verlaufen bogenförmig zwischen den beiden Zellpolen. Bei tierischen Zellen und auch bei manchen Pflanzenzellen werden die Pole durch Zentriolen gebildet.

Das **Zentromer** ist die Ansatzstelle der Spindelfaser am Chromosom. Im 2-Chromatid-Stadium des Chromosoms sind die beiden Chromatiden am Zentromer miteinander verbunden.

Nukleolus → siehe S. 31

Zytoskelett → siehe S. 36 f.

Zentriolen → siehe S. 36

Prometaphase und Metaphase

Die Kernhülle zerfällt in der **Prometaphase**, dadurch können die Spindelfasern mit den Chromosomen in Berührung kommen. Einzelne Fasern verbinden sich mit den Zentromeren der Chromosomen, sodass jedes Chromatid mit einer zu einem Pol ziehenden Faser verknüpft ist.

Kinetochor:
griech. *kinesis* Bewegung, *choros* Ort

Die Spindelfaseransatzstelle wird auch als Kinetochor bezeichnet. In der **Metaphase** werden die Chromosomen von ihren Spindelfasern in eine Ebene zwischen den Polen gezogen. Dadurch bildet sich die Äquatorial- oder Metaphaseplatte. Hier liegen die Chromosomen so ausgerichtet, dass die beiden Chromatiden zu je einem Pol weisen.

Abb. 53: Prometa- und Metaphase

Anaphase

Jetzt werden die Schwesterchromatiden jedes einzelnen Chromosoms am Zentromer getrennt und durch Verkürzung der Spindelfasern in Richtung eines der Pole gezogen. Am Ende der Anaphase befinden sich auf diese Weise an beiden Polen jeweils identische Chromosomensätze, wobei jetzt jedes Chromosom aus nur einem Chromatid besteht.

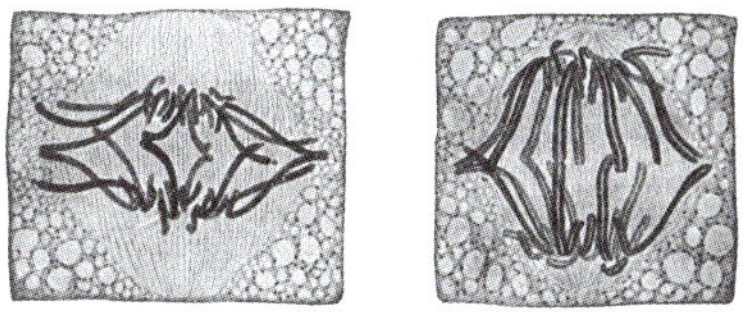

Abb. 54: Frühe und späte Anaphase

Telophase und Zytokinese

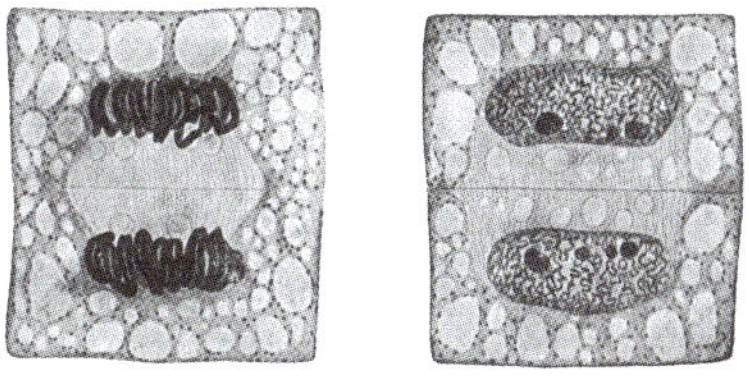

Abb. 55: Telophase (links) und Zytokinese (rechts)

ER → siehe S. 34

Die Polfasern des Spindelapparats führen durch Verlängerung zu einer Streckung der Zelle. An beiden Polen wird aus dem ER eine neue Kernhülle gebildet. Die Chromosomen entspiralisieren sich wieder zum Chromatin, die Nukleoli werden wieder sichtbar. In der Telophase beginnt dann auch schon die Teilung der Zelle (Zytokinese). Bei Tierzellen wird dabei die Zelle in der Äquatorialebene durch eine Teilungsfurche eingeschnürt, während bei Pflanzenzellen hier aus dem Golgi-Apparat eine neue doppelte Membran angelegt wird. Wegen der starren Zellwand können sich Pflanzenzellen nicht einschnüren, die neuen Membranen verbinden sich am Rand mit der vorhandenen Plasmamembran.

Zytokinese → siehe S. 64

Golgi-Apparat → siehe S. 35

1.2 Der Zellzyklus

Nach Abschluss der Kern- und Zellteilung kann eine Tochterzelle entweder in einen Dauerzustand übergehen, d. h. sie teilt sich nicht weiter, oder sie tritt nach einiger Zeit wieder in eine neue Teilung ein. Vor dieser neuen Teilung muss zunächst wieder das Chromosomenmaterial verdoppelt werden. Die Vorgänge zwischen zwei Zellteilungen fasst man als **Interphase** zusammen. Der gesamte Zellzyklus einer sich weiter teilenden Zelle umfasst also die Mitosephase mit Zytokinese und die Interphase (Abb. 56).

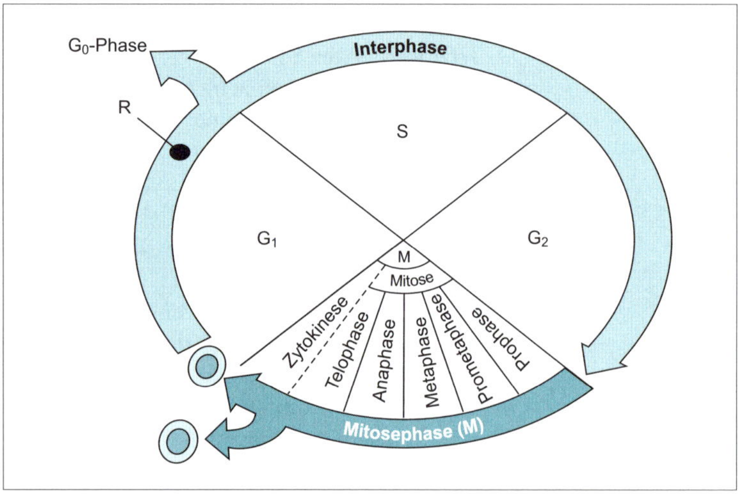

Abb. 56: Der Zellzyklus. G_0, G_1 und G_2 Gap-Phasen, S Synthesephase, R Restriktionspunkt. Zellen, die sich nicht mehr teilen, scheren in der G_1-Phase aus dem Zellzyklus aus, sie enthalten daher nur Ein-Chromatid-Chromosomen (G_0-Zustand).

G-Phase: engl. ***gap*** Lücke

„S“ steht für Synthese des DNA-Materials.

Restriktionspunkt
→ siehe S. 68

In der Interphase findet vor allem das Wachstum der Zelle statt, wobei auch die Zellorganellen vermehrt werden **(Plasmawachstum)**. Wie man in der Abbildung 56 sieht, lassen sich auch in der Interphase verschiedene Abschnitte unterscheiden. In der S-Phase werden die Chromosomen für die nächste Mitose verdoppelt. Vor und nach der S-Phase liegen G-Phasen, in denen keine DNA-Verdoppelung stattfindet. Tritt die Zelle in den Dauerzustand ohne weitere Teilungen ein, dann verlässt sie den Zellzyklus noch vor der S-Phase, die Chromosomen bleiben also im Ein-Chromatid-Zustand (G_0-Phase).

Streckungswachstum
→ vgl. Abb. 8, S. 11

Bei Pflanzenzellen, die in den G_0-Zustand übergehen und sich differenzieren, findet zusätzlich zum Plasmawachstum noch ein anschließendes **Streckungswachstum** statt, bei dem sich vor allem die Vakuole stark ausweitet. Solche differenzierten und vakuolisierten Zellen sind in der Regel nicht mehr teilungsfähig.

Methodischer Exkurs: Zellkulturen

Viele Zellarten kann man dem lebenden Organismus entnehmen und in einer Nährlösung halten. An solchen Kulturen lassen sich Zellteilungen und das Verhalten der Zellen unter verschiedenen Bedingungen untersuchen. Dabei müssen die Kulturen keimfrei gehalten werden, da sie sonst durch Mikroorganismen sehr schnell überwuchert würden. Das Nährmedium enthält eine Mischung aus Glucose, Aminosäuren und Salzen sowie auch Antibiotika gegen Bakterien.

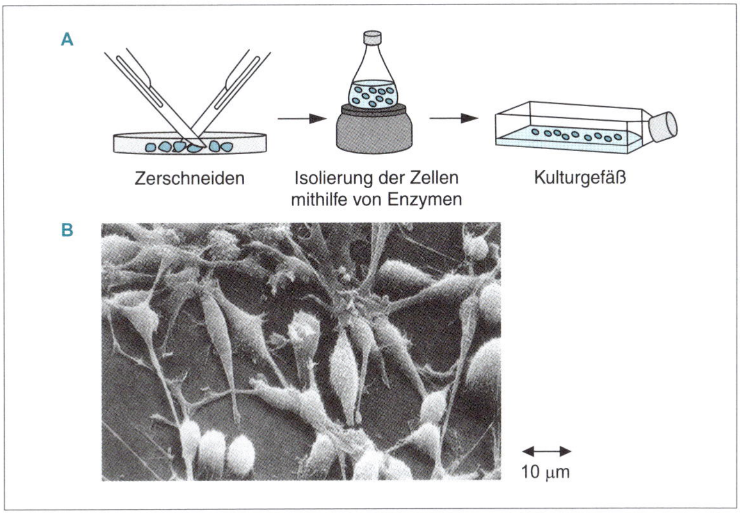

Abb. 57: (A) Herstellung einer Zellkultur aus einer Gewebeprobe; (B) menschliche Bindegewebszellen (Fibroblasten) in Zellkultur.

Die Steuerung des Zellzyklus

Normale Zellen teilen sich nicht zu beliebiger Zeit und an beliebiger Stelle. Ihre Teilungsaktivität unterliegt einer komplexen Steuerung, die von inneren wie auch äußeren Signalen bewirkt wird. Die hemmende oder anregende Wirkung einzelner Faktoren bei der Zellteilung lässt sich in Zellkulturen untersuchen.
Zu den Faktoren, die auf die Zellteilung und den Zellzyklus einwirken, gehören Nährstoffe, spezifische Wachstumsfaktoren, die z. B. bei Verletzungen in der Umgebung der Wunde freigesetzt werden, oder auch die Zelldichte. Beispielsweise führt Blutverlust und damit die Verringerung der Anzahl von roten und weißen Blutkörperchen zu einer verstärkten Bildung von Blutzellen. Umgekehrt wird die Teilung gehemmt, wenn das Zellgewebe eine gewisse Dichte erreicht hat.
Die Steuerung des Zellzyklus sorgt für die korrekte Reihenfolge der einzelnen Schritte wie auch für die Entscheidung, ob die Zelle in weitere Teilungen eintritt oder nicht. Am Ende der G_1-Phase liegt ein solcher Kontrollpunkt, der **Restriktionspunkt**, an dem die Entscheidung getroffen wird, ob die Zelle im Zustand der Arbeitsphase (G_0) verharrt oder aber mit der S-Phase in eine neue Teilung eintritt (Abb. 56). Im Körper des ausgewachsenen Menschen sind die meisten Zellen im G_0-Zustand. Stark spezialisierte Zellen wie Nerven und Muskelzellen teilen sich nicht mehr. Bei der Entscheidung am Restriktionspunkt spielt das Mengenverhältnis vom Plasma zum Kern eine Rolle. Mit dem Eintritt einer Zelle in die S-Phase werden anschließend alle weiteren Phasen bis zum Abschluss der Mitose durchlaufen. Auch hierbei sind verschiedene molekulare „Schalter" für die Steuerung des zeitlichen Ablaufs verantwortlich.

1.3 Bakterien: Prokaryotische Zellteilung

Bei Bakterien liegen die meisten Gene auf einem einzigen ringförmigen Chromosom, das wegen seiner Länge stark zusammengeknäult ist. Das Chromosom unseres Darmbakteriums ist etwa 500-mal so lang wie das Bakterium selbst! An einer Stelle ist das Chromosom mit der Plasmamembran verbunden. Vor der eigentlichen Teilung der Zelle wird eine Kopie des Chromosoms erstellt, die ebenfalls an die Plasmamembran angeheftet ist. Die Zellteilung läuft dann so ab, dass das Bakterium zwischen beiden Anheftungsstellen in die Länge wächst und dadurch beide Chromosomen auseinander schiebt. Durch Einschnürung der Membran entstehen dann zwei neue Zellen (Abb. 58).

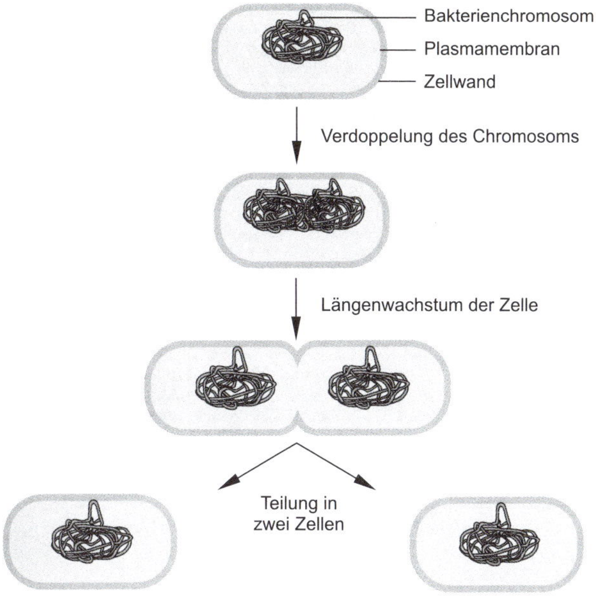

Abb. 58: Teilung eines Bakteriums

Endosymbiontentheorie → siehe S. 59

Dinoflagellaten / Diatomeen → siehe S. 71, Abb. 60 C, D

Für die Frage der evolutiven Entstehung der Euzyte ist damit auch das Problem der Herausbildung des komplizierten Mitose-Ablaufs aus den Teilungsvorgängen prokaryotischer Vorfahren von großem Interesse. Bemerkenswert ist dabei, dass es auch heute unter den Eukaryoten Formen gibt, die eine etwas anders geartete Mitose zeigen. Bei einigen einzelligen Algen finden sich Teilungsvorgänge, in denen die Kernhülle nicht aufgelöst wird und die Chromosomen von der Kernmembran auseinandergezogen werden (Dinoflagellaten, Abb. 59 A). Auch bei Kieselalgen (Diatomeen) bleibt die Kernhülle bestehen, die Chromatiden werden aber von Spindelfasern innerhalb des Kerns getrennt (Abb. 59 B). Man kann solche heute noch existierenden Teilungsformen als **Modell für die Evolution der Mitose** aus prokaryotischen Vorläufern ansehen.

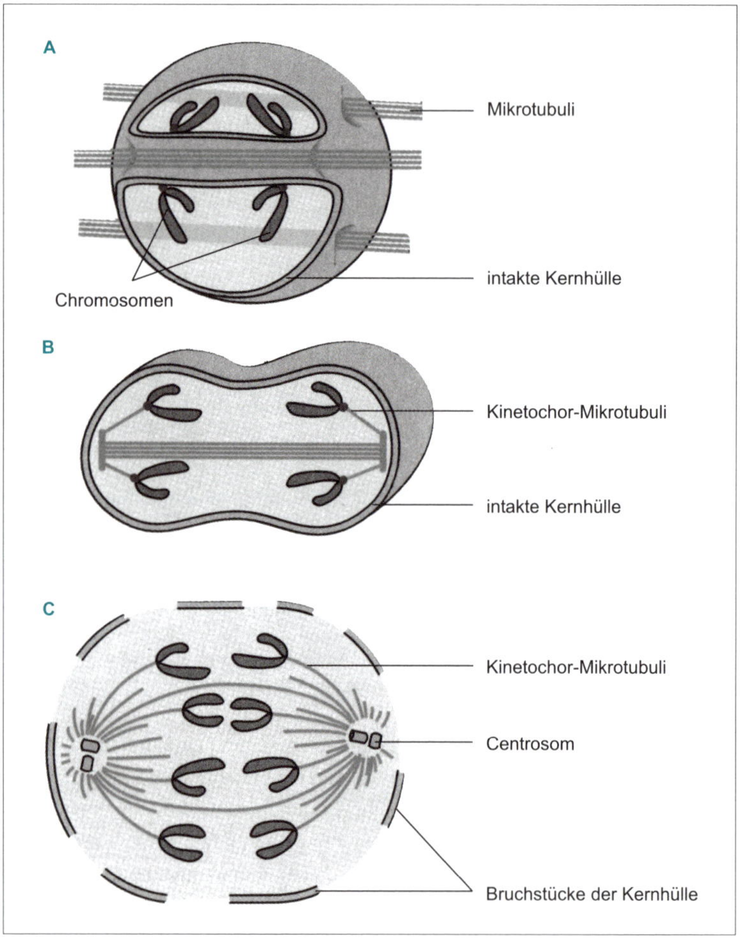

Abb. 59: Beispiele abweichender Mitoseformen im Vergleich mit der „normalen“ Kernteilung: (A) Dinoflagellaten, (B) Kieselalgen, (C) Zerfall der Kernmembran bei den meisten Eukaryoten.

2 Differenzierung, Gewebe- und Organbildung

2.1 Vom Einzeller zum Vielzeller

Neben den zumeist einzelligen Prokaryoten hat sich auch auf der Stufe der Euzyte eine Vielfalt von Einzellern entwickelt. Man kennt heute etwa 27 000 verschiedene Arten von Einzellern, wobei sowohl pflanzliche als auch tierische Formen dazu gehören. Sie finden sich überall in feuchten Lebensräumen: im Wasser, vor allem in flachen Uferzonen, in feuchten Böden, in der Laubstreu, aber auch als Symbionten oder Parasiten in Zellen und Körperflüssigkeiten anderer Organismen. Entsprechend vielfältig sind ihre Gestaltbildungen, ihre Fortbewegung und ihre Ernährung. Abbildung 60 vermittelt einen Eindruck der gestaltlichen Vielfalt bei einer Gruppe einzelliger Algen. Pflanzliche Einzeller sind leicht an ihrer Grünfärbung zu identifizieren: Sie besitzen Chloroplasten, die mithilfe von Chlorophyll Fotosynthese betreiben und daher autotroph sind. Zu ihnen gehören u. a. Grünalgen, Kieselalgen und Augentierchen *(Euglena)*. Neben den Kieselalgen haben auch noch weitere Gruppen ausgestaltete Außenskelette, die manchmal wie ein Panzer die Zelle schützen (Dinoflagellaten, Abb. 60 D)

Mit **autotroph** bezeichnet man die Ernährung durch den Aufbau organischer Substanzen aus anorganischen, wie z. B. in der Fotosynthese.
Gegensatz: heterotroph.

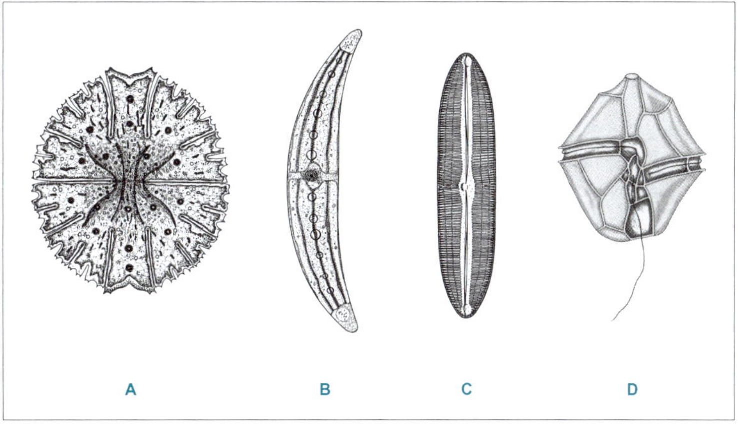

Abb. 60: Pflanzliche Einzeller: (A, B) die Jochalgen *Micrasterias* und *Closterium*, (C) Kieselalge, (D) Dinoflagellaten (Panzeralge)

Heterotroph sind Organismen, die sich von organischer Substanz ernähren. Gegensatz: autotroph.

Pantoffeltierchen
→siehe S. 42, Abb. 34

Plankton ist eine Sammelbezeichnung für kleine Organismen, die die „Schwebewelt" in Gewässern bilden.

Tierische Einzeller sind dagegen heterotroph. Eine große Gruppe unter den Protozoen, wie die tierischen Einzeller genannt werden, bilden die Wimpertierchen (Abb. 61 B/C), die sich mit den Wimpern an ihrer Zelloberfläche fortbewegen und durch den Wimperschlag auch Nahrung herbeistrudeln können. Zu ihnen gehört auch das Pantoffeltierchen *(Paramecium)*. Einige Wimpertierchen leben im Magen von Wiederkäuern wie Schaf und Rind und ernähren sich von deren Verdauungsprodukten. Unter den Amöben (Abb. 61 A) gibt es sogar Krankheitserreger wie *Entamoeba histolytica*, die die lebensgefährliche Amöbenruhr beim Menschen hervorruft. Viele Einzeller wie das Sonnentierchen (Abb. 61 D), Algen oder Wimpertierchen sind Bestandteil des **Planktons** in Gewässern.

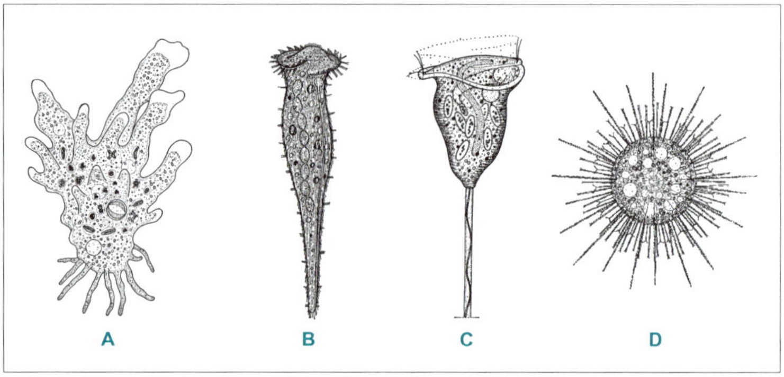

Abb. 61: Tierische Einzeller: (A) Amöbe, (B, C) die Wimpertierchen Trompetentier und Glockentier; (D) Sonnentierchen

Der Übergang vom Einzeller zu vielzelligen Organismen hat sich im Lauf der Evolution mehrfach unabhängig ereignet. Sowohl bei den Pflanzen wie auch bei den Tieren sind die Vielzeller ursprünglich aus Einzellern entstanden. Allerdings lässt sich diese Entwicklung nicht mehr anhand von Fossilien direkt belegen. Man kann aber unter den heute lebenden Formen Beispiele finden, die eine modellhafte Vorstellung davon vermitteln, wie sich die Mehrzelligkeit entwickelt haben könnte. Bei den Grünalgen gibt es viele einzellige Formen wie *Chlamydomonas*, die sich mit zwei Geißeln fortbewegen kann (Abb. 62 A). Nahe verwandt mit ihr ist die größere Alge *Eudorina* (Abb. 62 B), die aus 32 Zellen besteht. Sie ist aber kein echter Vielzeller, sondern eine Kolonie von Einzelzellen, da die Zellen nicht miteinander verbunden sind und nur durch eine Gallerthülle zusammengehalten werden. Allerdings agieren die Zellen bei der Fortbewegung gemeinsam in gleicher Richtung, sodass die Kolonie immer mit derselben Seite voran schwimmt.

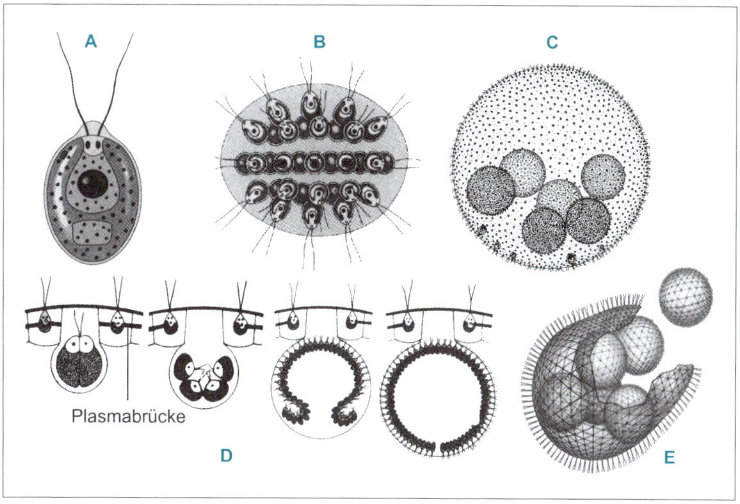

Abb. 62: Übergang vom Einzeller zur Vielzelligkeit bei Grünalgen: (A) Einzeller *Chlamydomonas*, (B) Kolonie *Eudorina*, (C) Kugelalge *Volvox* mit differenzierten Zellen für die ungeschlechtliche Vermehrung. (D) Entstehung einer Tochteralge im Innern von *Volvox*. (E) Die Tochteralgen werden durch das Aufplatzen der Mutteralge frei.

Bei der Kugelalge *Volvox* (Abb. 62 C) ist die Integration der Zellen weiter fortgeschritten. Sie sind durch Plasmafäden miteinander verbunden, durch die auch der Geißelschlag koordiniert wird. Zudem tritt hier auch eine **Differenzierung** der Zellen auf. Nur einige größere Zellen am hinteren Pol der Alge sind zur ungeschlechtlichen Vermehrung befähigt. Sie bilden durch Zellteilung neue Kolonien, die zunächst im Innern der Alge liegen. Durch das Aufplatzen der Mutteralge gelangen sie ins Freie, die Mutterkolonie stirbt dabei. Auf einfacher Organisationsstufe liegt hier also eine Arbeitsteilung vor, wobei die nicht der Vermehrung dienenden Zellen letztlich sterben können. Bei Einzellern gibt es diesen natürlichen Tod nicht, da bei ihrer Teilung stets zwei neue Lebewesen entstehen.

Unter **Differenzierung** versteht man die unterschiedliche Ausbildung von Zellen in Bezug auf ihren Bau und ihre Funktion.

Das **Entoderm** ist das innere Keimblatt von Tierembryonen, aus ihm entstehen vor allem die Organe des Verdauungstrakts.

Das **Ektoderm** ist das äußere Keimblatt von Tierembryonen. → siehe S. 118 f.

Für die Tiere bildet der Süßwasserpolyp *(Hydra)* einen solchen „Modellorganismus", der die Mehrzelligkeit auf einer einfachen Organisationsstufe demonstriert. Das Tier sitzt normalerweise auf einer Unterlage fest, es kann sich aber auch in Flick-Flack-Manier fortbewegen. Die Nahrung besteht aus Wasserflöhen, die mithilfe von Nesselzellen gefangen werden. Die Körperwand ist aus zwei Zellschichten aufgebaut, dem inneren Entoderm und dem äußeren Ektoderm. Beide Schichten enthalten unterschiedlich spezialisierte Zellen, die die verschiedenen Funktionen der Verdauung, Erregungsleitung, Sinneswahrnehmung oder Bewegung haben. Dabei sind gleichartige Zellen aber nicht zu Geweben zusammengeschlossen, sondern befinden sich zerstreut in den beiden Zellschichten. Selbst das Nervensystem bildet nur ein lockeres Netz aus einzelnen Zellen, ohne ein besonderes Zentrum. Hydren können sich durch Knospung ungeschlechtlich vermehren, andererseits sind einige Zellen auch befähigt, Geschlechtszellen zu bilden.

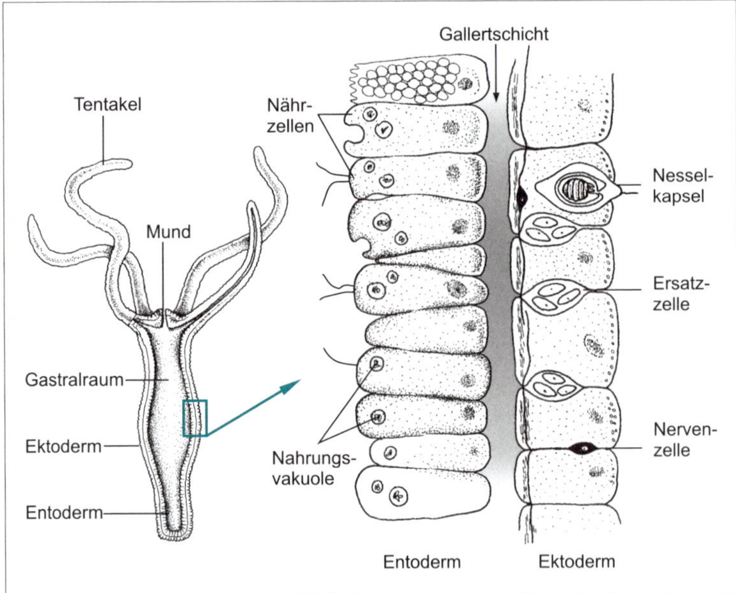

Abb. 63: Der Süßwasserpolyp *Hydra*. Der vergrößerte Ausschnitt aus der Körperwand zeigt den Aufbau aus zwei Zellschichten (Ektoderm, Entoderm) und die strukturelle und funktionale Differenzierung der Zellen.

Gegenüber diesen einfach organisierten Vielzellern sind bei höher entwickelten Pflanzen und Tieren die meisten Zellen mit gleicher Funktion zu **Geweben** zusammengeschlossen. Abbildung 64 A zeigt den Aufbau eines Blattes, in dem mehrere verschiedene Gewebe erkennbar sind. Ober- und Unterseite des Blattes werden von der einschichtigen Epidermis abgeschlossen. Dazwischen befinden sich neben den Blattadern zwei Gewebeschichten: Oben das Palisadengewebe aus langgestreckten Zellen, darunter das Schwammgewebe aus unregelmäßig geformten Zellen mit großen Zellzwischenräumen. In der Blattader befinden sich vor allem langgestreckte Zellen, die der Wasserleitung und dem Nährstofftransport dienen (Leitbündel). Besonders spezialisiert sind zudem noch die Schließzellen in der unteren Epidermis, die durch die Spaltöffnung zwischen ihnen den Gasaustausch des Blattes regulieren.

Unter **Gewebe** versteht man einen Verband vieler Zellen mit gleicher Struktur und Funktion.

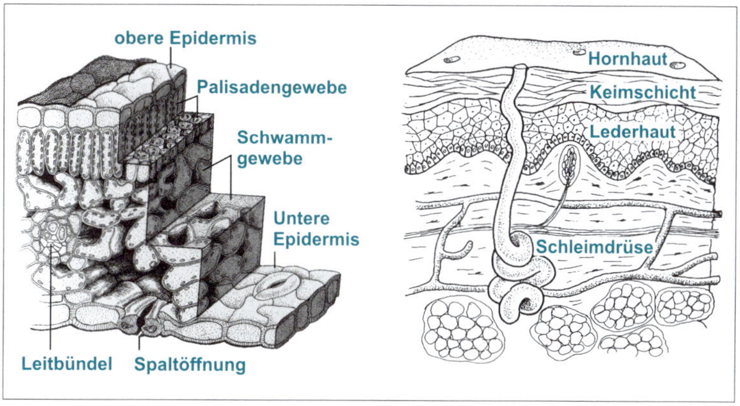

Abb. 64: Organe von höher entwickelten Vielzellern. (A) Gewebe eines Laubblattes, (B) Aufbau der Haut beim Frosch.

Bei höheren Tieren und beim Menschen finden sich eine Fülle verschiedener Gewebe, deren Zellen entsprechend ihrer Funktion spezialisiert sind. Drüsengewebe, Bindegewebe, Fettgewebe, Knorpel- und Knochengewebe sind nur einige der vielen Gewebstypen des menschlichen Körpers. An Abbildung 64 B wird deutlich, dass die Haut als Organ aus vielen verschiedenen Gewebstypen aufgebaut ist.

In den hier dargestellten unterschiedlichen Entwicklungsstufen von Pflanzen und Tieren zeigt sich, dass sich das Grundprinzip der Aufteilung der Lebensfunktionen auf verschiedene Zellorganellen in der Spezialisierung ganzer Zellen auf bestimmte Funktionen sowie im Zusammenschluss solcher Zellen zu Geweben fortsetzt.

Differenzierung
→ siehe S. 73

Die Entstehung differenzierter Zellen birgt ein Problem, auf das in den folgenden Kapiteln noch näher eingegangen wird. Letztlich entwickelt sich jeder höhere Organismus aus einer befruchteten Eizelle, die verschieden spezialisierten Zellen stammen also von einer Grundform ab. Auch im ausgewachsenen Lebewesen gibt es undifferenzierte Zellen, die ihre Teilungsfähigkeit bewahren und aus denen verschieden spezialisierte Zellen hervorgehen. Durch diese embryonal bleibenden Zellen findet auch die Erneuerung von Zellen und Geweben statt (Abb. 65).

Bei Pflanzen ist dies z. B. beim **Kambium** im Stamm von Holzgewächsen der Fall, durch dessen fortgesetzte Teilungstätigkeit die Jahresringe entstehen. Abbildung 65 A zeigt, dass aus diesen Teilungen ganz verschieden geformte, auf ihre jeweilige Funktion spezialisierte Zellen entstehen. Auch in den Knospen, aus denen Zweige oder Blüten heranwachsen können, sind solche unspezialisierten Bildungsgewebe vorhanden. Allgemein werden sie bei Pflanzen als **Meristeme** bezeichnet. Bei Tieren und beim Menschen spricht man von **Stammzellen**, die zeitlebens ihre Teilungsfähigkeit erhalten und ebenfalls differenzierte Zellen erzeugen können. Abbildung 65 B zeigt das Beispiel der verschiedenen Blutzellen, die alle aus undifferenzierten Stammzellen hervorgehen. Auch andere Gewebe werden aus teilungsfähig gebliebenen Stammzellen erneuert. Von der Haut war schon die Rede, aber auch Muskeln und die Darmschleimhaut werden zeitlebens aus begleitenden Stammzellen regeneriert.

Meristeme sind pflanzliche Gewebe, die während des ganzen Lebens einer Pflanze im embryonalen Zustand bleiben und das stetige Wachstum ermöglichen.

Das zugrunde liegende Problem wird deutlich, wenn man die Chromosomenverteilung bei der Mitose bedenkt: Alle aus Zellteilungen hervorgehenden Zellen haben die gleiche vollständige Erbinformation. Woher kommt dann aber die Differenzierung? Welche Prozesse bewirken bei gleichem Informationsgehalt die unterschiedliche Ausbildung der Tochterzellen? Einige Lösungsansätze zu diesen grundlegenden Fragen der Entwicklung von Organismen werden später vorgestellt.

Lösungsansätze
→ siehe S. 127 ff.

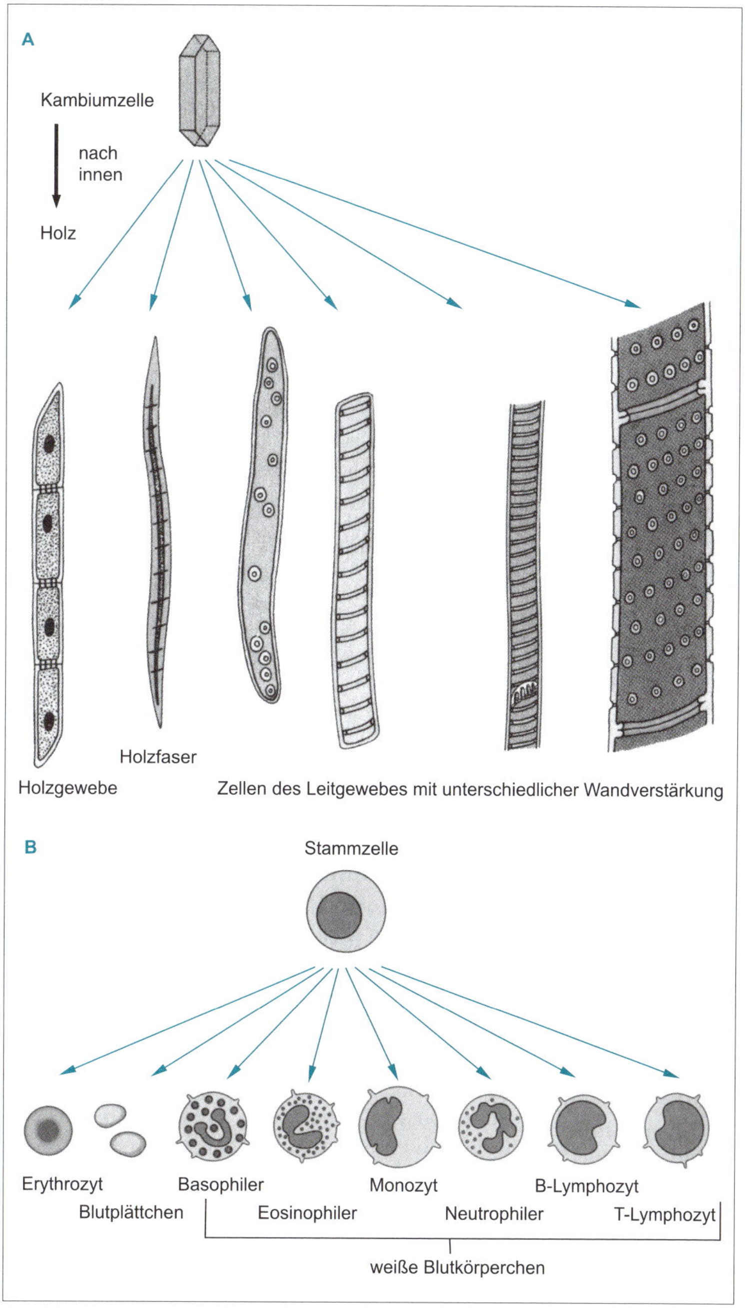

Abb. 65: Die Bildung differenzierter Zellen aus Stammzellen, die zeitlebens teilungsfähig („embryonal") bleiben. (A) Holzbildung im Stamm eines Baums, (B) Bildung der verschiedenen Blutzellen beim Menschen.

2.2 Altern und Zelltod

Die Tabelle zeigt, dass Lebewesen durchaus eine sehr unterschiedliche Lebensdauer haben. Dies deutet auf eine genetische Steuerung des Alterns hin, die jeweils für die Art spezifisch ist. Es wurden auch bereits Gene gefunden, die die Lebensdauer beeinflussen. Allerdings sind viele verschiedene Faktoren am Alterungsprozess beteiligt. So fand man z. B. bei Ratten, dass eine Herabsetzung der Nahrungsaufnahme die Lebensdauer erhöht, Ratten mit Minimaldiät leben 40 % länger als voll gefütterte.

Säugetierarten	Alter
Mensch	120
Elefant	70
Pferd	46
Schimpanse	45
Hund	20
Rind	30
Katze	31
Schaf	20
Kaninchen	13
Maus	3,5

Tab. 5: Maximales Lebensalter einiger Säugetierarten in Jahren.

Natürlich spielen auch die Abnutzung und die Ansammlung von Schäden im Laufe des Lebens eine wichtige Rolle für das Altern und den Tod. Alte Elefanten können z. B. verhungern, wenn ihre Zähne abgenutzt sind.

Offensichtlich altern aber auch die einzelnen Zellen. Die Anzahl von Teilungen, die eine Zelle durchlaufen kann, ist begrenzt. Sogar in Zellkulturen hören Bindegewebszellen von Säugetieren nach einer begrenzten Anzahl von Teilungen mit der Mitoseaktivität auf. Auch gute Nährstoffversorgung ändert nichts daran. Wenn man solche Zellkulturen mit Zellen von unterschiedlich alten Menschen anlegt, zeigt sich, dass umso weniger Teilungen noch durchlaufen werden, je älter der Spender bei der Entnahme war. Eine Erklärung dafür wird in Veränderungen der Chromosomen gesehen, die bei jeder Mitose kleine Stückchen ihrer Endabschnitte **(Telomere)** verlieren. Da diese Telomere eine wichtige Funktion bei der Erstellung der DNA-Kopien vor der Mitose haben, ist ihr allmählicher Verlust möglicherweise eine Ursache für den Stopp der Zellteilungen nach 50 bis 60 Teilungen (beim Menschen).

Telomere sind die Endabschnitte von Chromosomen mit sich wiederholenden DNA-Sequenzen.

Apoptose

In der Entwicklung von Tier und Mensch tritt der Zelltod sogar als ein Mittel der Gestaltbildung auf. So werden Hände und Füße zunächst als Gewebeplatten angelegt, aus denen die Finger und Zehen dadurch herausgebildet werden, dass zwischen ihnen Zellen absterben. Dieser

Vorgang ist genetisch festgelegt, es ist also ein programmierter Zelltod. Wenn er nicht stattfindet, bleibt das Gewebe zwischen den Fingern und Zehen erhalten, wie es bei den Schwimmhäuten der Fall ist.

Unter **Apoptose** versteht man den genetisch vorprogrammierten Zelltod.

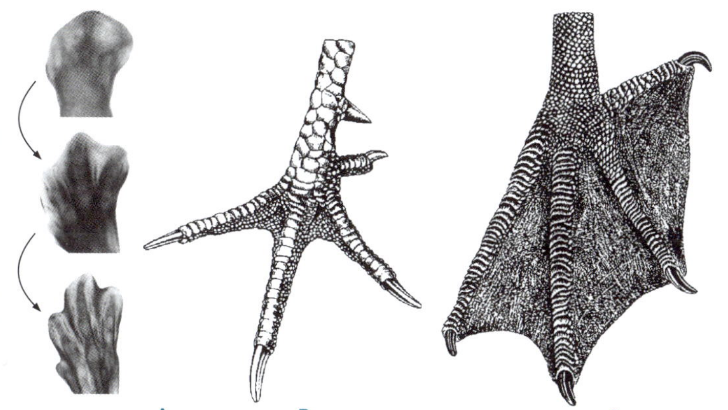

Abb. 66: Herausgliederung der Finger beim Embryo durch Apoptose (A). Der Vergleich des Fußes von Huhn (B) und Pelikan (C) zeigt die Auswirkung des Ausbleibens der Apoptose in den Zwischenzehenbereichen beim Pelikan.

Krebs

Krebserkrankung gibt es nicht nur beim Menschen, sondern auch bei vielen Tierarten und sogar bei Pflanzen. Obwohl Krebs sehr viele verschiedene Ursachen haben kann, äußert er sich stets in einer grundsätzlichen Störung: Krebszellen reagieren nicht auf die Signale, die die Zellteilung regulieren. Sie vermehren sich ungehemmt solange sie Nährstoffe vorfinden und bilden dadurch formlose Zellhaufen: die **Tumoren**. In den krebsartig veränderten Zellen liegt demnach eine **Störung des Zellzyklus** vor.

Tumor: lat. *tumor* Geschwulst

In vielen Labors werden Zellkulturen eines Tumors von einer Patientin gehalten, die 1951 angelegt wurden. Diese Zellen teilen sich immer noch, während normale Zellen im Gewebeverband etwa 50 Teilungen durchlaufen und dann absterben. Nach dem Namen dieser Patientin Henrietta LACKS werden die Zellen als HeLa-Zellen bezeichnet. Die an der Regulation des Zellzyklus und des Wachstums beteiligten Gene bezeichnet man als Proto-Onkogene. Krebszellen entstehen aus Nor-

Onkogene: griech. *onkos* Geschwulst; Erbanlagen, die an der Auslösung von Krebs beteiligt sind.

malzellen durch eine Veränderung (Mutation) dieser Proto-Onkogene, man nennt sie dann **Onkogene**. Der Zellzyklus ist damit ununterbrochen aktiviert.

Wodurch kann aber eine Körperzelle krebsartig werden? Die auslösenden Ursachen sind sehr vielfältig. An äußeren Einflüssen kommen energiereiche Strahlungen wie UV-Licht und radioaktive Strahlen, aber auch chemische Stoffe in Frage. Auch Viren können Krebs auslösen. Leukämie ist ein Blutzellenkrebs, bei dem entartete weiße Blutzellen unkontrolliert wuchern und trotz ihrer stark erhöhten Zahl im Blut ihre Abwehrfunktion im Immunsystem nicht mehr richtig ausüben. Bei den Überlebenden nach dem Atombombenabwurf in Hiroshima und Nagasaki 1945 traten Leukämie-Erkrankungen 18-mal häufiger auf als bei Vergleichsgruppen. Auch Sonnenstrahlen können bei starker, langdauernder Einwirkung krebserregend auf Hautzellen wirken und Melanome hervorrufen.

Melanom: griech. *melanos* schwarz; eine braune bis schwarze bösartige Geschwulst der Haut.

Chemische **Karzinogene** (oder Kanzerogene) sind Substanzen, die normale Zellen durch die Veränderung ihres Erbguts in Tumorzellen umwandeln.

Zu solchen krebserregenden Stoffen gehören viele organische Verbindungen wie Dioxine und andere chlorierte Kohlenwasserstoffe. Auch Pilzgifte (Aflatoxine), die in Schimmelpilzen enthalten sein können, wirken krebsauslösend. Daneben sind aber auch anorganische Stoffe wie Cadmium, Chrom, Arsen oder Asbest karzinogen. Im Zigarettenrauch hat man über 70 krebserregende Substanzen festgestellt.

Viren sind beim Menschen nur in wenigen Fällen als Krebsauslöser nachgewiesen worden. Bei Tieren und Pflanzen sind dagegen viele Beispiele bekannt. Große Bedeutung für die Gentechnologie hat ein Bakterium erlangt, das bei Pflanzen krebsartige Geschwülste hervorruft: *Agrobacterium tumefaciens*. Mit seiner Hilfe lassen sich Gene auf andere Pflanzen übertragen.

Auswirkungen einer Krebserkrankung: Bösartige Tumoren wachsen nicht nur schnell, sie breiten sich auch in das umliegende Gewebe aus und zerstören es. Darüber hinaus können sich Krebszellen ablösen und durch Blut und Lymphe an andere Körperstellen verfrachtet werden. Dort können sie neue Tochtergeschwülste **(Metastasen)** bilden. Aber nicht jede entartete Zelle führt sofort zu Krebs, die meisten werden vom Immunsystem erkannt und vernichtet. Der Organismus vermag sich also durchaus gegen solche Einwirkungen zu wehren – wenn sie nicht zu intensiv und langanhaltend sind.

Lymphe ist eine eiweißreiche, farblose Flüssigkeit in den Lymphgefäßen von Wirbeltieren. Sie wird durch Austritt von Blutplasma aus den Kapillaren gebildet.

Daneben gibt es auch gutartige Geschwülste, die nicht streuen und angrenzende Organe nicht zerstören. Bei der Diagnose muss daher stets überprüft werden, ob ein gutartiger oder ein bösartiger Tumor vorliegt. Gutartig sind z. B. Muskeltumoren (Myome) in der glatten Muskulatur der Gebärmutter oder auch im Magen-Darm-Trakt.

Zusammenfassung – Zellteilung und Zelldifferenzierung

- Die Vermehrung von Zellen erfolgt über Zellteilung.
- Bei der **Mitose** oder Kernteilung der Euzyte wird dabei zunächst das Kernmaterial geteilt, anschließend teilt sich die Zelle in zwei Tochterzellen **(Zytokinese)**. Dabei erhält jede Tochterzelle das vollständige in den Chromosomen enthaltene Erbmaterial. Um das zu erreichen, wird jedes Chromosom vor der Kernteilung identisch verdoppelt. Anschließend wird das Erbmaterial in einem komplizierten, hochgeordneten Ablauf auf die neuen Kerne verteilt. Den gesamten Vorgang der Mitose hat man in 4 Phasen gegliedert: Prophase, Metaphase, Anaphase, Telophase.
- Der ganze **Zellzyklus** von einer Teilung bis zur nächsten schließt dazu noch die **Interphase** ein, in der neues Plasma und neue Zellorganellen hergestellt werden und die DNA kopiert wird. Dieser Zellzyklus unterliegt einer Steuerung, die bei krebsartig veränderten Zellen gestört ist. Krebszellen reagieren nicht mehr auf die regulierenden Einflüsse und vermehren sich ungehemmt.

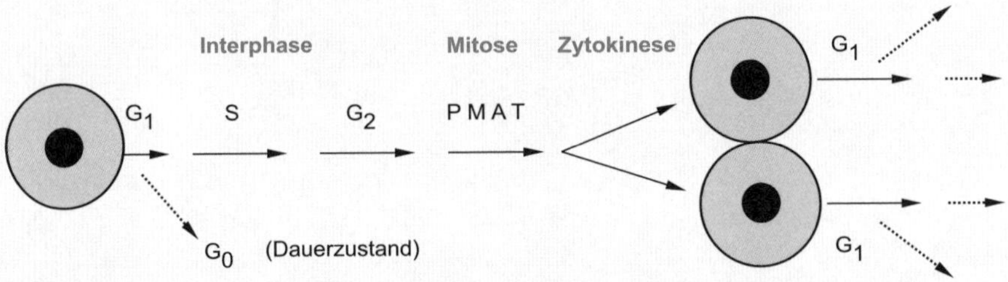

- Bei Prozyten verläuft die Zellteilung einfacher: Bei ihnen werden die beiden DNA-Kopien einfach durch die Streckung der Zellmembran auseinander gezogen.
- Obwohl durch die Mitose sämtliche Zellen eines Organismus das gleiche vollständige Erbmaterial erhalten, können sie sich zu den unterschiedlichsten Funktionsformen differenzieren.
- Unter Gewebe versteht man Zellverbände aus gleichartigen Zellen.
- Die Teilungs- und damit Erneuerungsfähigkeit von Zellen nimmt im Laufe des Lebens ab: Sie altern.
- Viele Zellarten und Gewebe können aus **Stammzellen** erneuert werden, die gewissermaßen embryonal bleiben.

Formen der Fortpflanzung

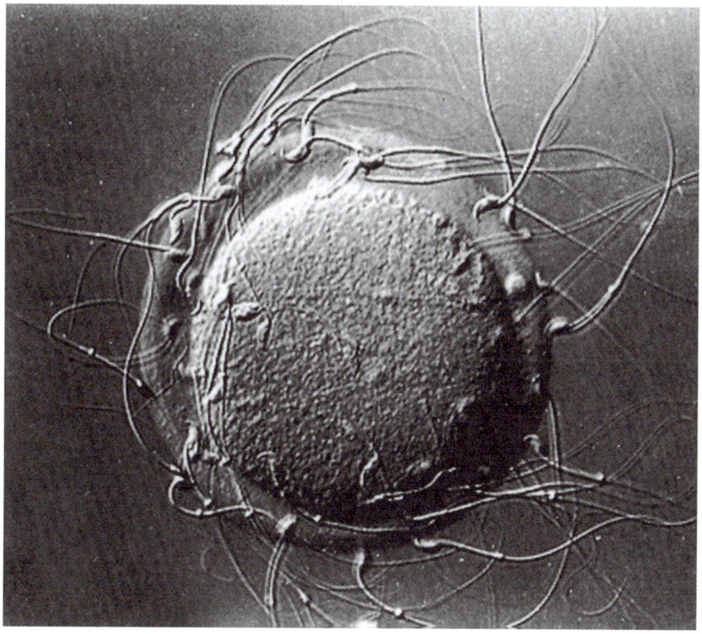

Spermien dringen in die Schutzhülle *(Zona pellucida)* des Eis einer Maus ein.

„Im Altertum und im Mittelalter wurde allgemein angenommen, dass die Befruchtung auf der Mischung zweier Flüssigkeiten beruhe. Die direkte Beobachtung der Befruchtung bei Pflanzen und Tieren erfolgte erst im 19. Jahrhundert.“

Rüdiger Wehner, Walter Gehring, *Zoologie*, 1995

1 Ungeschlechtliche Fortpflanzung

1.1 Beispiele aus dem Pflanzen- und Tierreich

Bei Pflanzen ist ungeschlechtliche Fortpflanzung nicht selten. Im Unterschied zu Tieren behalten Pflanzen gewöhnlich bis zu ihrem Tode die Wachstumsfähigkeit: Bäume bilden immer wieder neue Triebe, der Stamm verdickt sich durch die Jahresringe, die ganze Pflanze wird immer größer. Diese Wachstumsfähigkeit zeigt sich auch in der Bildung von speziellen Geweben, die ganz neue Individuen erzeugen können. Das Brutblatt (Abb. 67 A) bildet an den Blatträndern embryonale Pflänzchen, die abfallen und sich mit ihren Wurzeln im Boden verankern. Andere wie die Erdbeere oder der Kriechende Hahnenfuß haben Ausläufer, durch die die neuen Pflanzen zunächst noch versorgt werden, bevor sie sich in größerer Entfernung von der Mutterpflanze einwurzeln (Abb. 67 B). Auch die Kartoffelknollen sind solche von einer Mutterpflanze gebildeten ungeschlechtlichen Vermehrungskörper. Wegen der weiten Verbreitung der ungeschlechtlichen Fortpflanzung im Pflanzenreich spricht man auch allgemein von vegetativer Fortpflanzung bzw. Vermehrung.

vegetativ: lat. pflanzlich

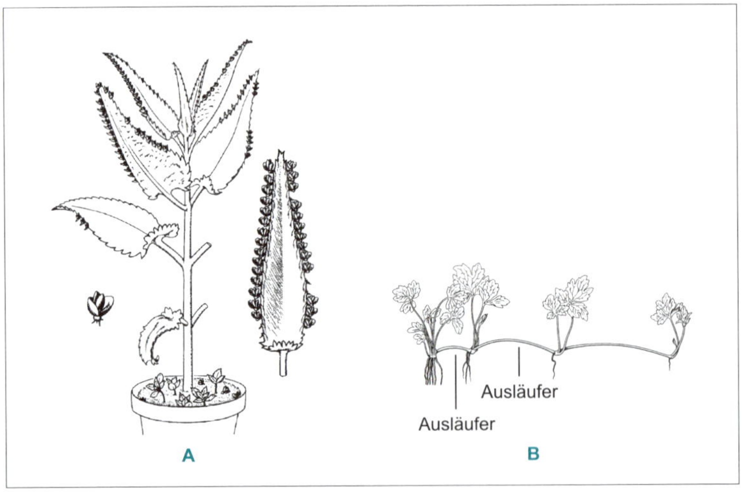

Abb. 67: Vegetative Fortpflanzung bei Pflanzen. (A) Brutblatt *(Bryophyllum)*, an dessen Blatträndern sich kleine embryonale Pflänzchen bilden; (B) Kriechender Hahnenfuß mit Ausläufern.

Genetisch identische Nachkommen einer einzelnen Zelle bzw. eines Individuums, die durch ungeschlechtliche Vermehrung entstanden sind, bezeichnet man als **Klon**.

Weitaus seltener ist ungeschlechtliche Fortpflanzung im Tierreich. Ein Süßwasserpolyp (*Hydra*, Abb. 68 A) kann sich vegetativ durch Knospung vermehren. Bei Säugetieren sind Formen der ungeschlechtlichen Fortpflanzung äußerst selten, ihre Körperzellen sind normalerweise nicht in der Lage, erneut in einen frühembryonalen Zustand überzugehen und eine Keimesentwicklung zu durchlaufen. Eine Ausnahme bilden die eineiigen Mehrlinge: Sie entstehen durch den Zerfall frühembryonaler Keime, wobei sich aus jedem Teil ein erbgleiches Individuum entwickelt. Bei Gürteltieren ist diese „Polyembryonie" sogar normal, hier entwickeln sich regelmäßig aus einem Ei je nach Art 4 bis 12 Mehrlinge (Abb. 68 B).

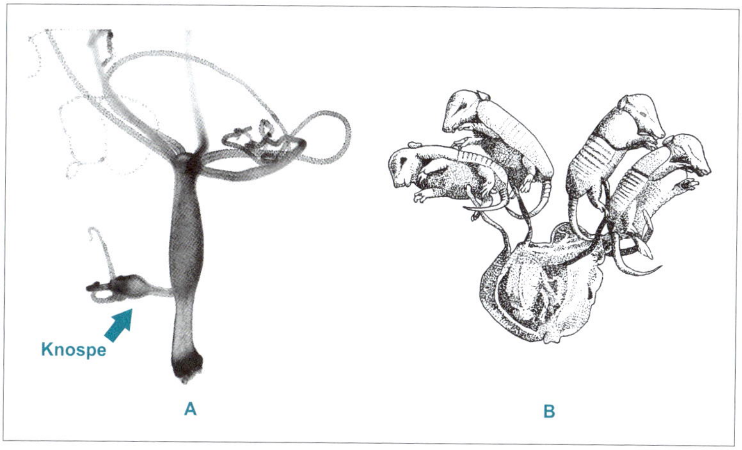

Abb. 68: Ungeschlechtliche Vermehrung bei Tieren: (A) Süßwasserpolyp *(Hydra)* mit Seitenknospe, (B) vier eineiige Embryonen beim Gürteltier.

Mitose → siehe S. 64 ff.

Bei Einzellern, z. B. beim Pantoffeltierchen, ist die ungeschlechtliche Vermehrung durch mitotische Teilungen der Normalfall. Ähnlich findet sich auch bei Prokaryoten ungeschlechtliche Fortpflanzung durch Zweiteilung der Zellen, wobei hier der Teilungsablauf noch einfacher als bei der Mitose ist. Allerdings kommt in beiden Gruppen auch geschlechtliche Fortpflanzung vor.

1.2 Totipotenz des Zellkerns

Totipotenz ist die Fähigkeit einer Zelle, sich zu allen verschiedenen Zellformen des Organismus entwickeln zu können.

Das Vorkommen ungeschlechtlicher Fortpflanzung aus beliebigen Zellen ist einerseits nachvollziehbar, da durch die Mitose jede Zelle bei ihrer Bildung das gesamte Erbgut erhält und somit alle Informationen zur Bildung des ganzen Lebewesens besitzen sollte. Andererseits ist aber normalerweise keineswegs jede Zelle eines Organismus befähigt, einen neuen Organismus aus sich heraus entstehen zu lassen. Die Gründe für diese Unfähigkeit wurden in folgendem Experimenten geprüft.

Pflanzen

Die Häufigkeit vegetativer Fortpflanzung im Pflanzenreich zeigt, dass viele Gewebe des Pflanzenkörpers die Fähigkeit zur Bildung eines ganzen Organismus bewahren. Selbst differenzierte und auf eine Funktion spezialisierte Zellen erweisen sich im Experiment dazu in der Lage.

Der in einer Zellkultur entstehende junge Keimling einer Pflanze wird als **Embryoid** bezeichnet. Er ist einem echten aus einer Zygote entstandenen Embryo ähnlich; griech. *eido* ähnlich sein, gleichen

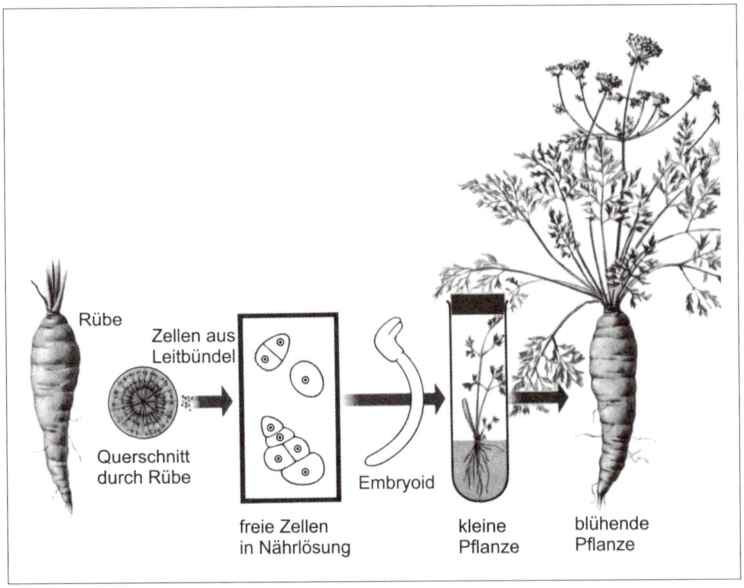

Abb. 69: Totipotenz-Versuch mit der Möhre

Abbildung 69 zeigt dies am Beispiel von Zellen aus dem Leitbündel in Mohrrüben. Wenn man sie isoliert und in sterilen Nährkulturen hält, können sich vollständige Pflanzen aus jeder einzelnen Zelle entwickeln. Man bezeichnet solche Zellen als totipotent. Der Versuch zeigt, dass die Zelle in ihrem normalen Gewebeverband gehemmt wird, in eine eigenständige Keimesentwicklung einzutreten.

Tiere

Polyembryonie → siehe S. 85

Ganz frühe wenigzellige Entwicklungsstadien von Tieren lassen sich häufig ähnlich wie Pflanzen durch Trennung in Einzelzellen vermehren. Dieser Versuch entspricht der natürlichen Polyembryonie bei Gürteltieren. Bei einer bereits differenzierten tierischen Zelle gelingt der Versuch nicht in dieser Weise. Um sie zu einer neuen Keimesentwicklung anzuregen, muss der Zellkern in eine entsprechende Umgebung gebracht werden, wie folgender Versuch mit dem Krallenfrosch zeigt.

Ein **Epithel** ist eine Zellschicht, die die Außen- oder Innenfläche des Körpers begrenzt.

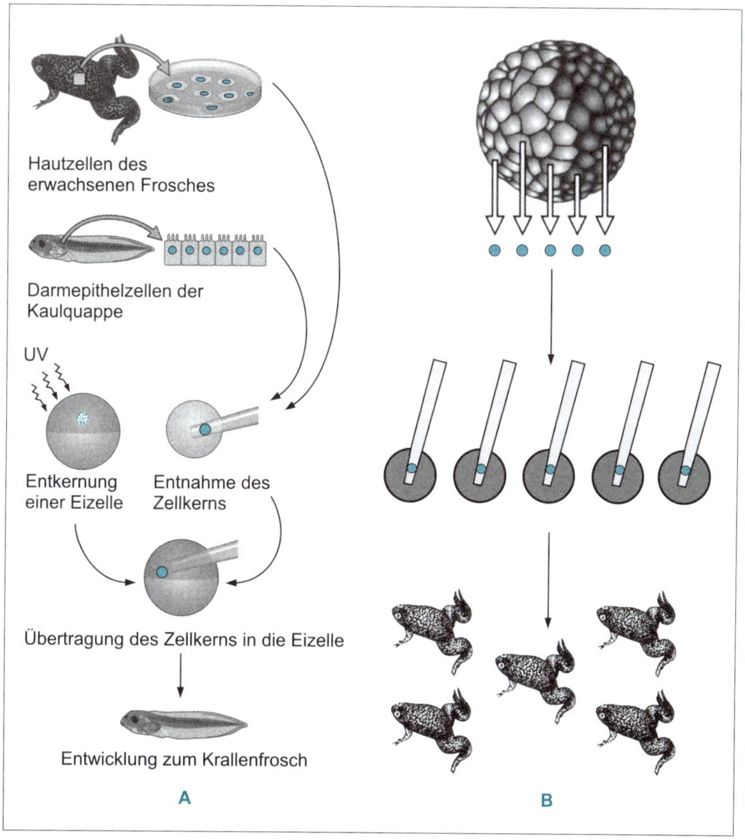

Abb. 70: Versuch zum Nachweis der Totipotenz des Zellkerns beim Krallenfrosch (A). Der gleiche Versuch wie in A, aber mit Kernen aus einem frühen Entwicklungsstadium (Blastula) des Froschkeims (B).

Blastula → siehe S. 117

Dabei wird einer differenzierten Darmepithelzelle der Kaulquappe oder einer Hautzelle des erwachsenen Frosches der Zellkern mit einer Mikropipette entnommen. Dieser Kern wird in eine Eizelle übertragen, deren eigener Kern vorher durch UV-Strahlung zerstört wurde. Zwar

gelingt der Versuch nicht in allen Fällen, aber ein kleiner Teil der so behandelten Eizellen entwickelt sich zu erwachsenen, fortpflanzungsfähigen Fröschen. Mit größerer Zuverlässigkeit gelingt der Versuch, wenn man anstelle von Darm- oder Hautzellen die Kerne aus frühembryonalen Entwicklungsstadien, z. B. einer Blastula verwendet (Abb. 70 B). Ihre Übertragung in entkernte Eizellen löst wieder eine neue Keimesentwicklung aus.
Die Experimente ergeben, dass auch in erwachsenen und funktionell differenzierten Zellen der Kern die gesamte Erbinformation enthält. Bei Tieren kann aber eine erneute Realisierung der Erbanlagen in einer Keimesentwicklung nur durch besondere Entwicklungsreize angeregt werden, wie sie vom Plasma einer Eizelle ausgehen. Hier ist genau genommen nur der Kern totipotent.

Eine Zelle ist **totipotent**, wenn sie noch die gesamte genetische Information enthält und diese in einer erneuten Ausbildung eines vollständigen Organismus realisieren kann.

1.3 Exkurs: Anwendung des Klonierens in der Reproduktionstechnologie und in der Medizin

Klon → siehe S. 85

Wagner: *Es wird ein Mensch gemacht.*
Mephisto: *Ein Mensch? Und welch verliebtes Paar*
habt Ihr ins Rauchloch eingeschlossen?
Wagner: *Behüte Gott! Wie sonst das Zeugen Mode war*
Erklären wir für eitel Possen.

Aus: Goethe, Faust 2. T. 2. Akt.

Klone im Pflanzenreich → siehe S. 84 f.

Kallus: lat. *callum* Schwiele

Die aus Klonierungsversuchen gewonnenen Verfahrensweisen werden heute vielfach in der Landwirtschaft eingesetzt. Viele Zierpflanzen wie Alpenveilchen, Orchideen oder Usambaraveilchen werden durch Klonieren vermehrt. Nach Verletzung bilden sie ein undifferenziertes Wundgewebe, den sogenannten Kallus, aus dem sich in sterilen Nährkulturen viele neue, erbgleiche Pflanzen ziehen lassen.

Klone im Tierreich → siehe S. 85

Das Verfahren beim Klonen höherer Tiere ist schwieriger. Zunächst war es bei Säugetieren nur möglich, erbgleiche Mehrlinge durch Vervielfältigung von embryonalen Zellen zu erzeugen. Ein weiterer Schritt gelang erstmals 1996: Das Schaf „Dolly“ wurde in ähnlicher Weise wie beim Krallenfroschexperiment erzeugt (Abb. 71). Dabei wurden zur Gewinnung des Erbmaterials die Kerne aus Euterzellen eines

Schafs verwendet, die in entkernte Eizellen eines anderen Schafs verbracht wurden. Einem dritten Schaf wurde eine solche neue Eizelle in die Gebärmutter eingepflanzt, wo sie eine vollständige Keimesentwicklung durchlief. Damit ist also das Erbmaterial aus einer normalen Körperzelle für das Klonen verwendet worden.

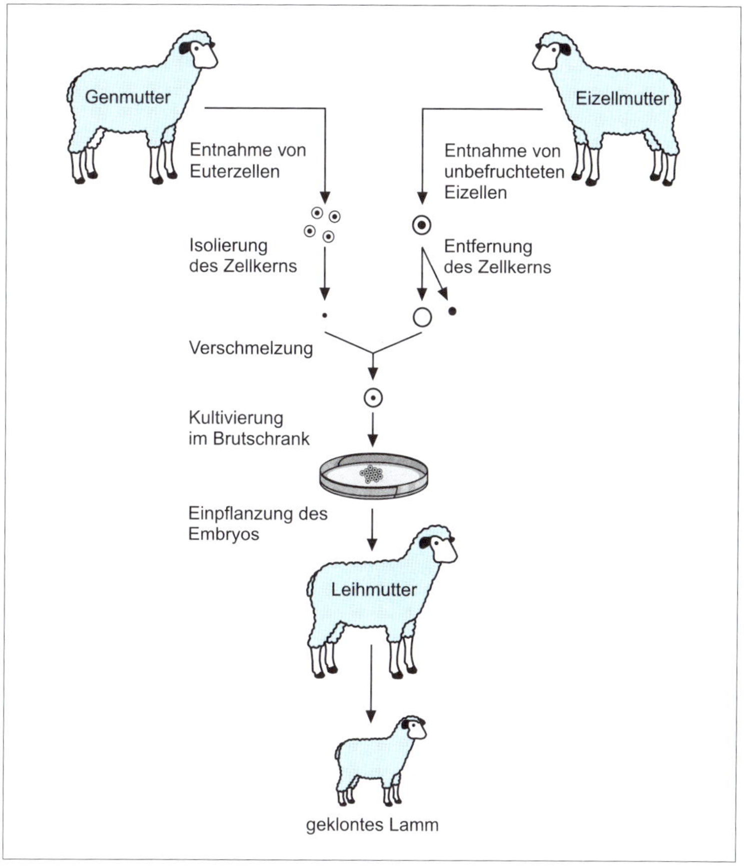

Abb. 71: Klonen von Säugetieren: Dolly ist das erste durch Klonen mit einem Zellkern einer Körperzelle entstandene Schaf.

Das Gelingen dieses Experiments öffnet die Tür zu vielen **möglichen** Anwendungsgebieten, einschließlich des Menschen. So könnten vom Aussterben bedrohte Tierarten durch Klonen vermehrt werden, wie es z. B. für den Panda diskutiert wird (mehr Pandas bräuchten allerdings auch mehr Lebensraum, der den eigentlichen Mangel darstellt!). Selbst die Herstellung geklonter menschlicher Embryonen, die als „Ersatzteillager“ für Organe dienen könnten, wird diskutiert. Über das bei Dolly angewandte Verfahren ließen sich möglicherweise auch von einem erwachsenen Menschen erbgleiche Embryonen erzeugen, deren Gewebe und Organe bei einer Transplantation keine Abstoßungsreaktion hervorrufen würden, da sie erbgleich mit dem Empfänger sind. Bei diesem „therapeutischen Klonen“ gewinnt man aus einem frühen Entwicklungsstadium des Embryos, der Blastozyste, die noch undifferenzierten und totipotenten embryonalen Stammzellen. Man hofft, in Zukunft aus den Stammzellen gezielt bestimmte Gewebe und sogar Organe heranziehen zu können.

Stammzellen
→ siehe S. 76

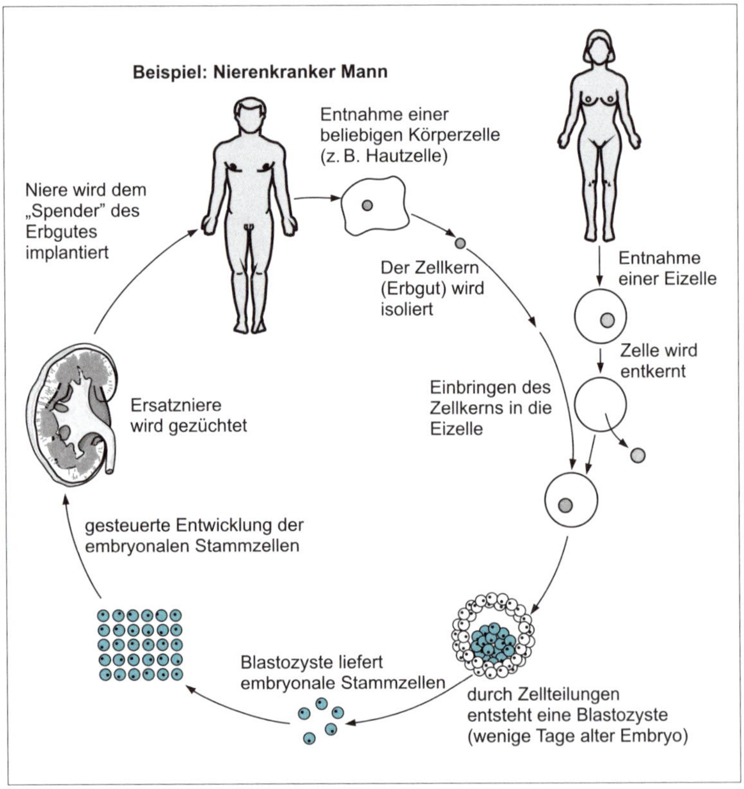

Abb. 72: Schema des Verfahrens zum therapeutischen Klonen.

Blastozyste
→ siehe S. 123

Bisher erweist sich dieses Verfahren des therapeutischen Klonens allerdings als sehr problematisch. In dem Experiment mit Dolly wurden 277 künstlich erzeugte Embryonen hergestellt, von denen sich jedoch nur ein einziger Embryo entwickelte. Zudem zeigte Dolly schon im Alter von 5 Jahren Alterserscheinungen wie z. B. Gelenkentzündungen. Diese Alterserscheinungen legen den Verdacht nahe, dass der in

Zellalter → siehe S. 78

Zygote → siehe S. 99

die Eizelle übertragene Zellkern sein eigenes „Alter“ mitgebracht hat und auch zu Missbildungen führt.
Eine Alternative zum therapeutischen Klonen bietet dagegen ein Verfahren, bei dem durch künstliche Befruchtung erzeugte **Zygoten** als Ausgangspunkt genommen werden. In der modernen Reproduktionstechnologie gibt es schon länger die Möglichkeit, entnommene Ei- und Spermienzellen künstlich außerhalb des Körpers zusammenzuführen. Nach anfänglichen Furchungsteilungen wird der Keim dann in die Gebärmutter der Frau eingesetzt.

Bei diesem Verfahren werden immer mehrere Embryonen erzeugt; die übrig bleibenden werden tiefgefroren aufbewahrt. Sie ließen sich zur Herstellung embryonaler Stammzellen verwenden, die z. B. einem Patienten eingespritzt werden und zu neuer Gewebebildung in beschädigten Organen führen können. Bei dieser Art der embryonalen Stammzellen liegt allerdings wieder das Problem vor, dass die Erbinformation nicht mit der des Empfängers übereinstimmt und dadurch Abstoßungsreaktionen eintreten können. In Deutschland ist nicht nur das therapeutische Klonen gesetzlich verboten, auch die Herstellung embryonaler Stammzellen aus Blastozysten ist im Embryonenschutzgesetz untersagt. In den USA ist dieses Verfahren bereits seit einigen Jahren erlaubt, auch Großbritannien hat ein Gesetz erlassen, in dem die Herstellung embryonaler Stammzellen aus nicht geklonten Embryonen bis zum 14. Tag erlaubt wird.

Christiane Nüsslein-Volhard ist Leiterin der Abteilung Genetik am Tübinger Max-Planck-Institut für Entwicklungsbiologie. Für ihre Forschungen erhielt sie 1995 den Nobelpreis.

ES-Zellen: Embryonale Stammzellen

Eine vorsichtige Einschätzung der Vorteile der Verwendung solcher embryonaler Stammzellen gab Christiane Nüsslein-Volhard in einem in der Süddeutschen Zeitung erschienenen Artikel:

„Vor einigen Jahren ist über die Kultivierung von Stammzellen aus Blastozysten des Menschen berichtet worden. Diese Embryonen waren bei künstlichen Befruchtungen übrig geblieben. Soweit man das testen kann – einige Tests, die an Mauszellen üblich sind, verbieten sich beim Menschen – sehen die Zellen viel versprechend aus. In Experimenten konnten bestimmte Defekte der Maus durch transplantierte ES-Zellen repariert werden. Deshalb sind Forscher daran interessiert, ihre Erfahrungen aus den Mausversuchen auf die menschlichen Zellen zu übertragen.
Diese Forschung hat großes medizinisches Potenzial, sodass Unterlassung wahrscheinlich ethisch bedenklicher ist, als sie zu erlauben. Das Herstellen und die Forschung an menschlichen ES-Zellen ist in den meisten Ländern erlaubt, nicht aber in Deutschland. Das wesentliche Argument für das Verbot ist, dass die Gewinnung der Zellen aus einem Embryo diesen und damit ein potenzielles menschliches Leben zerstört hat. Da die überzähligen Embryonen aus künstlichen Befruch-

tungen keine Chance auf Leben haben, wenn sie nicht von einem weiblichen Organismus angenommen werden, ist es einer Abwägung wert, sie für die Heilung von kranken Menschen zu verwenden.
Das deutsche Gesetz zum Embryonenschutz ist das strengste der Welt … Es verbietet unter anderem das Herstellen von embryonalen Stammzellen. Die Forschung an solchen Zellen, die im Ausland hergestellt wurden, ist durch das Gesetz nicht verboten, da aus ihnen keine Menschen mehr werden können.“

(Quelle: Süddeutsche Zeitung, 01/02. 12. 2001)

In Bezug auf das Klonen und die Verwendung embryonaler Stammzellen besagt das derzeit geltende deutsche Embryonenschutzgesetz vom 13. Dezember 1990:

§ 2 Missbräuchliche Verwendung menschlicher Embryonen
(1) Wer einen extrakorporal erzeugten oder einer Frau vor Abschluss seiner Einnistung in der Gebärmutter entnommenen menschlichen Embryo veräußert oder zu einem nicht seiner Erhaltung dienenden Zweck abgibt, erwirbt oder verwendet, wird mit Freiheitsstrafe bis zu drei Jahren oder mit Geldstrafe bestraft.
(2) Ebenso wird bestraft, wer zu einem anderen Zweck als der Herbeiführung einer Schwangerschaft bewirkt, dass sich ein menschlicher Embryo extrakorporal weiterentwickelt.
(3) Der Versuch ist strafbar.

§ 6 Klonen
(1) Wer künstlich bewirkt, dass ein menschlicher Embryo mit der gleichen Erbinformation wie ein anderer Embryo, ein Fötus, ein Mensch oder ein Verstorbener entsteht, wird mit Freiheitsstrafe bis zu fünf Jahren oder mit Geldstrafe bestraft.
(2) Ebenso wird bestraft, wer einen in Absatz 1 bezeichneten Embryo auf eine Frau überträgt.
(3) Der Versuch ist strafbar.

§ 8 Begriffsbestimmung
(1) Als Embryo im Sinne dieses Gesetzes gilt bereits die befruchtete, entwicklungsfähige menschliche Eizelle vom Zeitpunkt der Kernverschmelzung an, ferner jede einem Embryo entnommene totipotente Zelle, die sich bei Vorliegen der dafür erforderlichen weiteren Voraussetzungen zu teilen und zu einem Individuum zu entwickeln vermag.

2 Geschlechtliche Fortpflanzung

2.1 Meiose

Gameten sind haploide Fortpflanzungszellen/Keimzellen (Eizelle, Spermium).

Als **diploid** bezeichnet man Zellen mit dem doppelten (väterlichen und mütterlichen) Chromosomensatz (2n). **Haploid** sind Zellen mit einem einfachen Chromosomensatz (n).

Mitose → siehe S. 64 f.

Bei der geschlechtlichen oder sexuellen Fortpflanzung wird die Nachkommenschaft durch die Vereinigung der Geschlechtszellen (Gameten) zweier Eltern erzeugt. Da beide Geschlechtszellen oder Gameten je einen Chromosomensatz des Elters enthalten, wird bei ihrer Vereinigung zur Zygote der Chromosomensatz verdoppelt. Die Zygote und alle aus ihr entstehenden Körperzellen sind daher diploid (2n): Sie enthalten einen Satz mütterliche und einen Satz väterliche Chromosomen. Beim Menschen sind das insgesamt 46 Chromosomen, jeweils 23 von jedem Elter. Damit wird auch deutlich, dass bei der Bildung der Gameten der doppelte Chromosomensatz auf den einfachen reduziert werden muss, sonst würde sich in jeder Generation die Anzahl der Chromosomen verdoppeln. Der einfache Chromosomensatz wird als haploid (n) bezeichnet. Bei der Bildung von Ei- bzw. Spermienzellen findet dementsprechend eine besondere Form der Teilung statt, die sich von der Mitose unterscheidet: die **Reifeteilung** (RT) oder **Meiose** (Abb. 73).

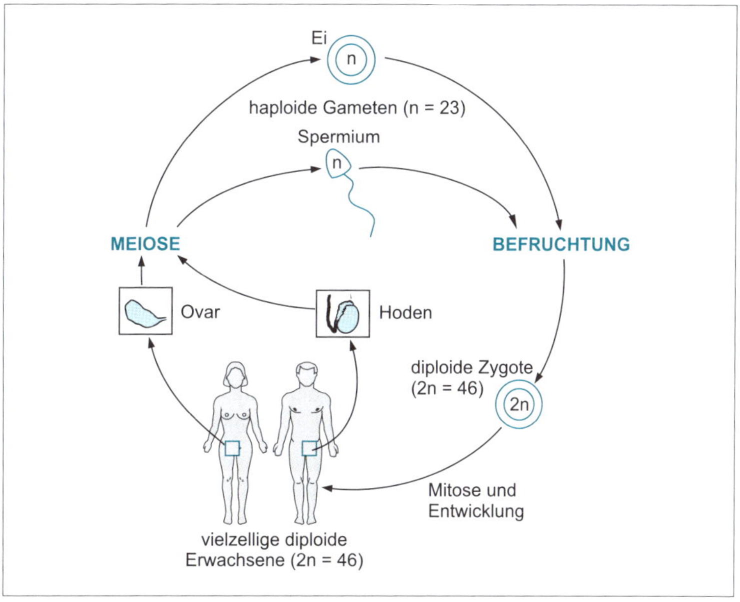

Abb. 73: Der menschliche Entwicklungszyklus; n ist der haploide Chromosomensatz.

Die Meiose besteht immer aus zwei aufeinander folgenden Teilungen, sodass aus einer diploiden Urkeimzelle letztlich vier haploide Zellen entstehen. Der Vorgang ist bei Menschen, Tieren und Pflanzen gleichartig und verläuft nach dem Schema der Abbildung 74.

Synapsis ist die Paarung der homologen Chromosomen in der Prophase I der Meiose; von griech. *synapsis* Verbindung.

Die im Mikroskop erkennbare Überkreuzung homologer Chromatiden während der Meiose bezeichnet man als **Chiasma**; es steht im Zusammenhang mit dem Stückaustausch durch **Crossing Over**. Die Bezeichnung bezieht sich auf den griechischen Buchstaben χ (chi).

Zentromer → siehe S. 64

Als **homologe Chromosomen** bezeichnet man die väterlichen und mütterlichen Chromosomen, die jeweils in ihrer Länge und in der Lage des Centromers übereinstimmen und die an gleichen Stellen Gene für dieselben Merkmale tragen.

Die Reduktion des Chromosomensatzes auf n erfolgt schon in der 1. Reifeteilung. Bei dieser Teilung ist die Prophase besonders lang, sie kann Tage, sogar Jahre dauern. Nach dem Sichtbarwerden legen sich die homologen Chromosomen paarweise aneinander, ein Vorgang, der als Chromosomenpaarung oder **Synapsis** bezeichnet wird. Während dieser Paarung der Chromosomen können zwischen dem väterlichen und dem mütterlichen Chromosom Stücke ausgetauscht werden, es findet also eine genetische Rekombination statt (Crossing Over). In der folgenden Metaphase setzen sich die Spindelfasern so an den Zentromeren fest, dass in der Anaphase jeweils ein ganzes Chromosom zu einem Pol gezogen wird. Das aus zwei Chromatiden bestehende Chromosom wird also nicht wie bei der Mitose in seine zwei Chromatiden getrennt. Es schließen sich die Telophase mit der Bildung der Kernmembranen und die Aufteilung der Zelle in zwei Tochterzellen durch die Zytokinese an. In der anschließenden 2. Reifeteilung werden die beiden Chromatiden jedes Chromosoms getrennt wie bei einer normalen Mitose.

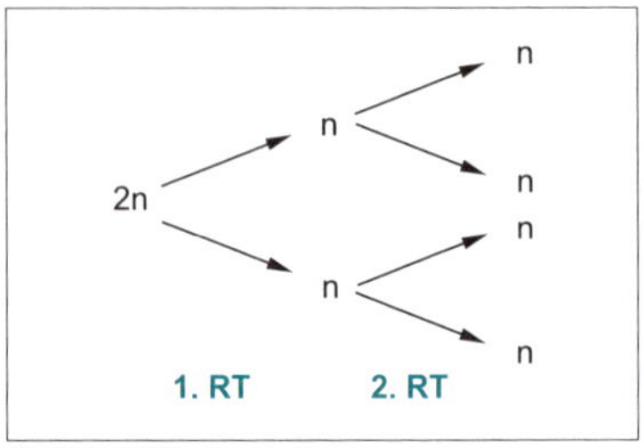

Abb. 74: Schema der Reduktion des diploiden Chromosomensatzes auf den haploiden in der Meiose.

Bei der Spermienbildung entstehen so aus einer diploiden Mutterzelle vier haploide Spermien. Die Eibildung verläuft etwas anders, da hier gewöhnlich drei Zellen als kleine Pol- oder Richtungskörperchen abgeschnürt werden und nur eine große, plasmareiche Eizelle übrig bleibt.

Die wichtigsten **Unterschiede** der **Meiose** gegenüber der **Mitose** sind:

- die Paarung der homologen Chromosomen in der Prophase 1, dabei können Stücke zwischen beiden Chromosomen ausgetauscht werden
- die Trennung der Paare in der Anaphase 1 und damit die Reduktion des Satzes auf n
- die Teilung der Chromosomen in der 2. Reifeteilung ohne vorherige S-Phase.

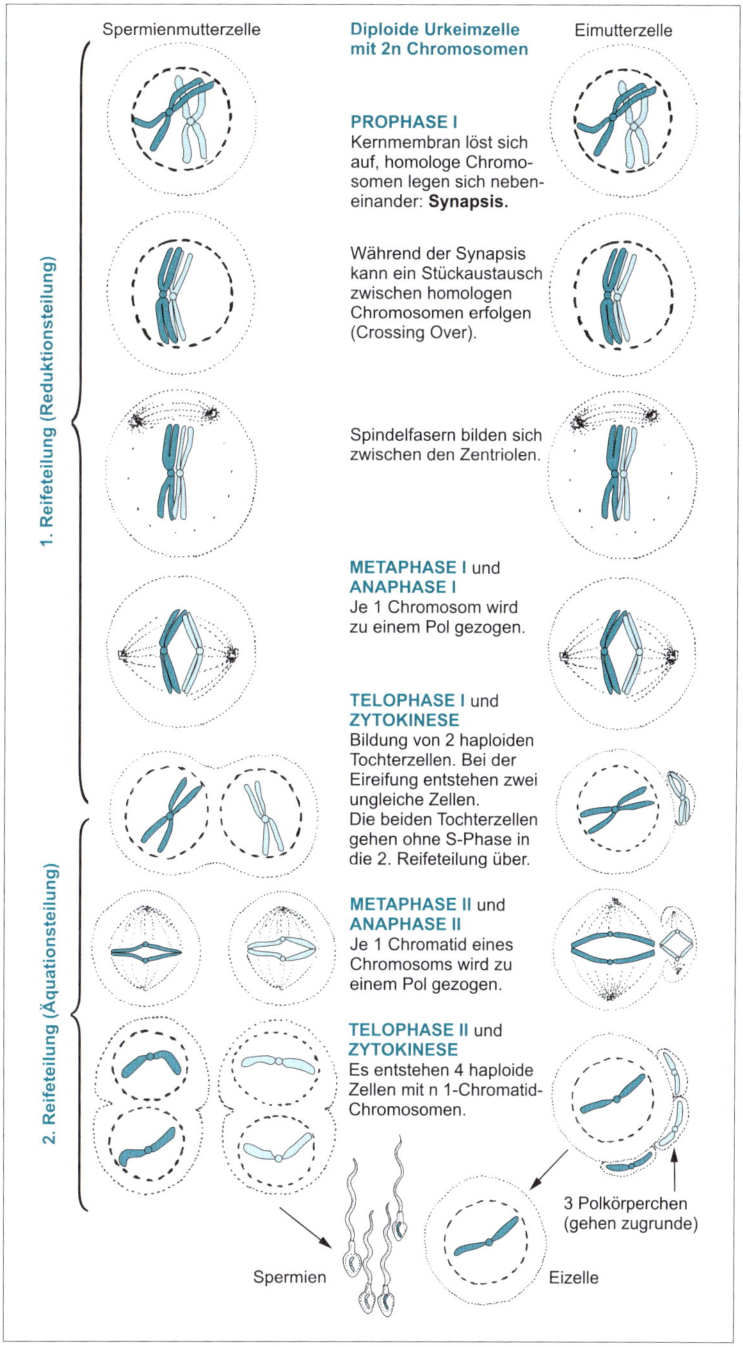

Abb. 75: Verlauf der Meiose bei der Spermien- und der Eibildung

2.2 Bildung und Bau der Geschlechtszellen bei Mensch und Tier

Das **Spermium** (griech. *sperma* Same) ist die männliche Keimzelle.

Spermien (Einzahl Spermium) haben die Funktion, durch aktive Bewegung zum Ei zu gelangen und ihren Zellkern mit dem haploiden väterlichen Chromosomensatz in die Eizelle zu übertragen. In vielerlei Hinsicht sind sie diesen Funktionen optimal angepasst. Sie werden beim Menschen im Hodengewebe des Mannes ständig in großer Anzahl gebildet, ein Samenerguss (Ejakulat) enthält 250 bis 400 Mio. Spermien. Diese große Anzahl erhöht die Wahrscheinlichkeit, dass Spermien zur Eizelle gelangen. Sie wird dadurch erreicht, dass sich die diploiden Vorläuferzellen, aus denen durch Meiose die Spermien entstehen, beim geschlechtsreifen Mann ständig mitotisch weiter teilen.

Bau der Geißel
→ siehe S. 37

Das **Akrosom** ist ein Organell an der Spitze eines Spermiums, das das Eindringen in eine Eizelle ermöglicht. Es entsteht aus dem Golgi-Apparat.

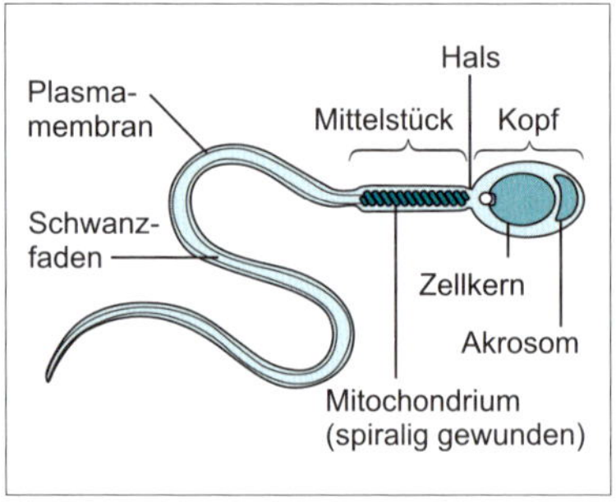

Abb. 76: Bau eines menschlichen Spermiums

Für die Fortbewegung besitzt das Spermium einen Schwanzfaden, der wie die Geißel anderer Eukaryotenzellen gebaut ist. Dabei wird die Energie für die Bewegung von den Mitochondrien im Mittelstück des Spermiums bereitgestellt. Der Kopf transportiert den Zellkern mit dem Erbmaterial und enthält an der Spitze das Akrosom. Dieses ist ein mit Enzymen gefülltes Bläschen, welche das Durchdringen der Eihülle ermöglichen. Der Bau der Spermien stimmt bei den meisten mehrzelligen Tieren weitgehend überein. Bei Seeigeln, Insekten und Wirbeltieren findet man den gleichen Aufbau aus Kopf, Mittelstück und Schwanzfaden.

Der **Follikel** (lat. *folliculus* Bläschen) ist eine Hülle um die Eizelle, die der Ernährung und der Entwicklung des Eis dient.

Die **Bildung der Eizellen** schließt nicht nur die Reduktion des Chromosomensatzes durch die Meiose ein, sondern wird auch begleitet von starkem Wachstum der Zellen. Insbesondere wird das Plasma mit den Zellorganellen vermehrt, zudem wird auch Dotter als Nährmaterial für die Embryonalentwicklung eingelagert. Eizellen sind deshalb gewöhnlich um ein Vielfaches größer als Spermienzellen. Beim Menschen hat die Eizelle etwa das 200 000fache Volumen eines Spermiums. Während ihres Heranreifens ist die Eizelle von vielen sie ernährenden Follikelzellen umhüllt (Abb. 77).
Im Unterschied zur kontinuierlichen Bildung einer großen Zahl von Spermien beim Mann verläuft die Entstehung der Eizelle bei der Frau zyklisch. Dabei wird normalerweise in jedem Zyklus, der im Durch-

schnitt 28 Tage dauert, ein Ei zur Reife gebracht. Schon während der Keimesentwicklung des Menschen setzen sich die Ureizellen im Ovar fest. Nach dem Eintritt in die Prophase der 1. Reifeteilung bleibt die Entwicklung nach der Geburt über Jahre stehen, wobei sich sogar die meisten dieser unreifen Eizellen (Oozyten) noch vor der Pubertät zurückbilden. Von den ursprünglich etwa 6 Millionen Oozyten bleiben so nach der Pubertät noch etwa 40 000 übrig.
Erst mit der Pubertät beginnt dann die monatliche Reifung einer Eizelle, wobei zunächst nur die 1. Reifeteilung durchlaufen wird (Abb. 75). Die 2. Reifeteilung schließt sich nur an, wenn eine Befruchtung stattgefunden hat. Nach dem Eindringen des Spermiums erfolgt dann die 2. Reifeteilung mit der weiteren Abschnürung eines Polkörperchens. Erst danach verschmilzt der Spermienkern mit dem Eikern (Befruchtung im engeren Sinn).

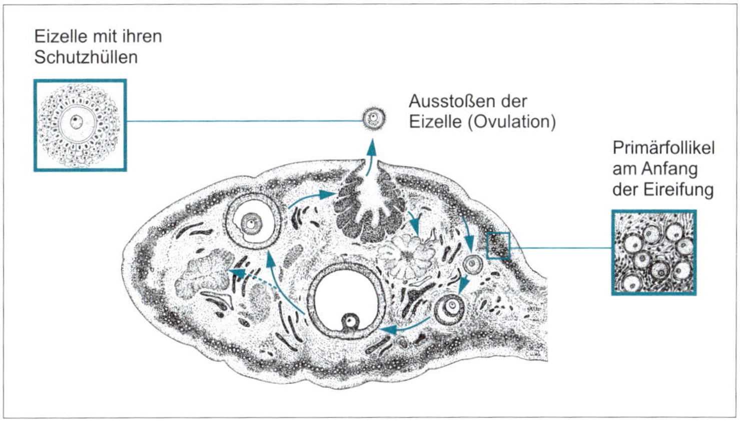

Abb. 77: Eireifung im Ovar einer Frau

Die **Primaten** sind die systematische Gruppe der Herrentiere. Zu ihnen zählen die Affen und auch der Mensch.

Der Zyklus der Eireifung wird begleitet von Veränderungen in der Gebärmutter, die zur Vorbereitung der Einnistung des Keims dienen. Die Gebärmutterschleimhaut verdickt sich und wird besser mit Blut versorgt. Bleibt die Befruchtung und damit die Keimesentwicklung aus, dann wird beim Menschen und bei vielen anderen Primaten die Gebärmutterschleimhaut wieder abgebaut und mit der Menstruationsblutung ausgeschieden. Bei anderen Säugern wird sie ohne größere Blutungen wieder von der Gebärmutter absorbiert (sogenannter östrischer Zyklus). Die Steuerung dieser Prozesse erfolgt über ein komplexes Zusammenspiel von Hormonen.

2.3 Befruchtung

Oscar Hertwig (1834–1919): Zoologe in Jena und Berlin. Forschungsschwerpunkte: Befruchtung und Embryonalentwicklung bei Tieren.

Der Befruchtungsvorgang wurde erstmals von dem Zoologen Oscar Hertwig 1875 beobachtet. Dabei erwies sich der Seeigel als geeignetes Objekt: Ei- und Spermienzellen werden ins Meerwasser abgegeben, ihre Vereinigung wie auch die weitere Entwicklung des Keimes lassen sich also gut im Mikroskop beobachten. Zudem ist das Seeigelei durchsichtig, sodass auch die Abläufe in der Zelle gut erkennbar sind.

Unter **Befruchtung** versteht man die Verschmelzung der Zellkerne von zwei Keimzellen, durch die die Embryonalentwicklung ausgelöst wird.

Die ***Zona pellucida*** ist eine vorwiegend aus Eiweiß bestehende Hüllschicht um das Säugetierei; sie dient vor allem dem Schutz vor einer mehrfachen Befruchtung; lat. *pellucidus* durchscheinend

Grundsätzlich ist der Befruchtungsvorgang auch bei Säugetieren mit dem eines Seeigels vergleichbar, auch wenn hier eine **innere Befruchtung** im Mutterleib vorliegt. Die Eizelle ist zusätzlich zur Plasmamembran von äußeren Schutzschichten aus Follikelzellen umgeben. Die innere dieser Schutzschichten, die *Zona pellucida*, enthält Moleküle, an die das Spermium sich spezifisch anbindet. Damit ist es nur artgleichen Spermien möglich, sich an einer Eizelle festzusetzen. Der nächste Schritt ist die **Akrosomreaktion**: Das Akrosombläschen verschmilzt mit der Plasmamembran des Spermiums und gibt in einer Exozytose seine Enzyme nach außen ab. Diese Enzyme lösen die *Zona pellucida* örtlich auf und ermöglichen es der Spermienzelle, zur Membran der Eizelle vorzudringen. Beide Membranen verschmelzen dann miteinander und das Spermium dringt in das Ei ein (Abb. 78). Dieser Vorgang wird als **Besamung** bezeichnet.

Cortex, cortical: lat. *cortex* Rinde

Eine weitere Folge des Eintritts des Spermiums in die Eizelle ist die Veränderung der Plasmamembran, durch die das Eindringen weiterer Spermienzellen verhindert wird. Durch die anschließende Bildung einer Befruchtungsmembran wird das Ei dauerhaft gegen Mehrfachbefruchtungen geschützt (Corticalreaktion).

Zum Abschluss der Befruchtung verschmelzen die beiden Zellkerne und bilden damit den diploiden Kern der Zygote (Befruchtung im eigentlichen Sinn). Von jedem Chromosom ist damit ein Paar vorhanden, jeweils mit einem mütterlichen und einem väterlichen Partner (homologe Chromosomen siehe S. 94). Beim Menschen enthält jede normale Keimzelle 23 Chromosomen, in der Zygote sind also – wie in jeder aus ihr entstehenden Körperzelle – $2 \cdot 23$ Chromosomen.

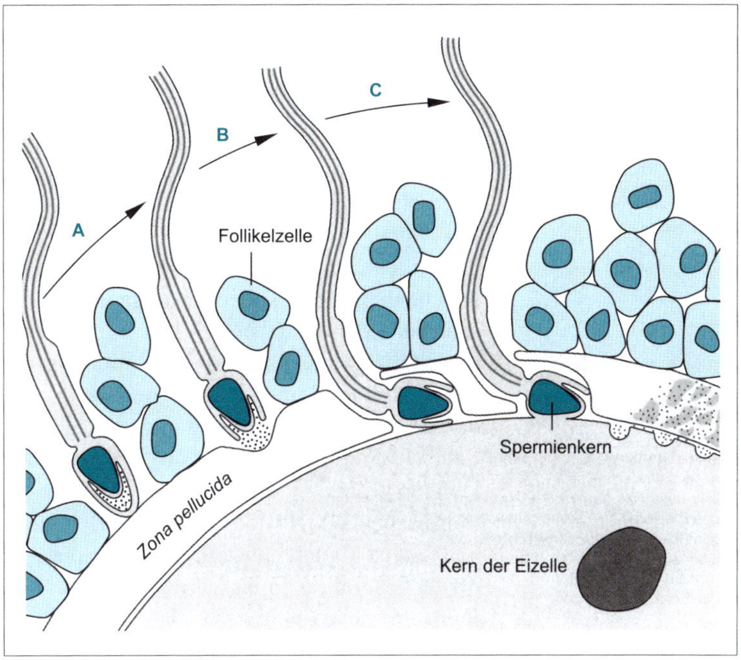

Abb. 78: Das Eindringen eines Spermiums in die Eizelle bei Säugern: Am Anfang werden Enzyme aus dem Akrosombläschen freigesetzt, die die *Zona pellucida* auflösen (A). An dieser Stelle dringt der Spermienkopf bis zur Eimembran vor (B). Im letzten Stadium (C) verschmilzt seine Membran mit der Eimembran und das Spermium tritt in die Eizelle ein.

Die **Zygote** ist die befruchtete und damit diploide Eizelle, die den Ausgangspunkt der Keimesentwicklung bei geschlechtlicher Vermehrung bildet.

Parthenogenese

Parthenogenese: griech. *parthenos* Jungfrau, *genesis* Zeugung, Entstehung

Bei der Parthenogenese gehen Nachkommen aus unbefruchteten Eizellen des Weibchens hervor. So entstehen die Drohnen (männliche Bienen) aus haploiden Eizellen, während die weiblichen Bienen (Königinnen und Arbeiterinnen) aus befruchteten Eiern entstehen. Bei Wasserflöhen *(Daphnia)* werden zusätzlich zur geschlechtlichen Vermehrung bei günstigen Umweltbedingungen auch parthenogenetische Generationen hervorgebracht. Selbst bei einigen Fischen und Echsen wurde Parthenogenese nachgewiesen. Da der Ausgangspunkt der Parthenogenese eine Eizelle ist, die die Meiose durchlaufen hat und damit das genetische Material des Muttertieres in haploider und rekombinierter Form enthält, liegt keine ungeschlechtliche Vermehrung vor, sondern eine unisexuelle.

3 Generationswechsel

Ein **Generationswechsel** ist ein regelmäßiger Wechsel zwischen zwei sich unterschiedlich fortpflanzenden Generationen, bei Pflanzen z. B. zwischen Gametophyt und Sporophyt.

Der **Gametophyt** ist die Generation in einem Generationswechsel, die die haploiden Keimzellen produziert.

Der **Sporophyt** ist die ungeschlechtliche Generation bei einem Generationswechsel, er ist diploid und kann Sporen erzeugen.

Bei den meisten Pflanzen tritt ein regelmäßiger Wechsel von geschlechtlicher und ungeschlechtlicher Fortpflanzung auf.
Bei Algen, Moosen und Farnen lassen sich die beiden Generationen meistens gut unterscheiden, häufig sind es zwei ganz verschiedene Formen (Abb. 79/80). Bei Farnen ist die geschlechtliche Generation, der **Gametophyt**, klein und schuppenförmig, während die sporenbildende ungeschlechtliche Generation, der **Sporophyt**, die bekannten großen Fiederblätter auf einem unterirdischen Wurzelstock ausbildet. Bei den Moosen ist bemerkenswert, dass die Sporophytengeneration direkt auf dem Gametophyten wächst (Abb. 79). Dabei bleibt die Zygote auf der Mutterpflanze und wächst dort zu der sich ungeschlechtlich vermehrenden Generation heran, die hier nur aus der Sporenkapsel mit ihrem Stiel besteht.

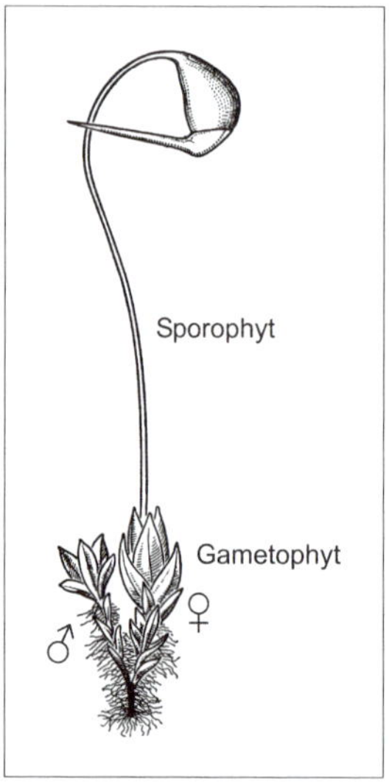

Abb. 79: Die aus zwei Generationen bestehende Moospflanze

Wilhelm Hofmeister (1824–1877): Botaniker in Heidelberg und Tübingen. Es entdeckte den Generationswechsel bei Blütenpflanzen.

Die Tatsache, dass auch alle Blütenpflanzen einen Generationswechsel durchlaufen, blieb lange Zeit unerkannt und wurde erst 1851 von dem Botaniker Wilhelm Hofmeister entdeckt. Bei ihnen besteht der Generationswechsel aus dem diploiden Sporophyten (grüne, blühende Pflanze) und den in der Blüte gebildeten männlichen und weiblichen Gametophyten. Durch Meiose entstehen in den Staubblättern der haploide Pollen (männlicher Gametophyt) und im Fruchtblatt der haploide Embryosack (weiblicher Gametophyt). Beide Gametophyten teilen sich nur wenige Male. Das Pollenkorn bildet dabei zwei Spermazellen, der Embryosack nur eine Eizelle. Die Eizelle bleibt im Fruchtblatt, während der Pollen und mit ihm die Spermazellen durch Wind oder Tiere auf die Narbe eines anderen Fruchtblattes übertragen werden. Die Spermazelle gelangt dann durch einen Pollenschlauch in das Innere des Fruchtblattes und zur Eizelle.

Spermatozoid: griech. *sperma* Same, *-zoid* tierähnlich; eine bewegliche männliche Geschlechtszelle bei Pflanzen.

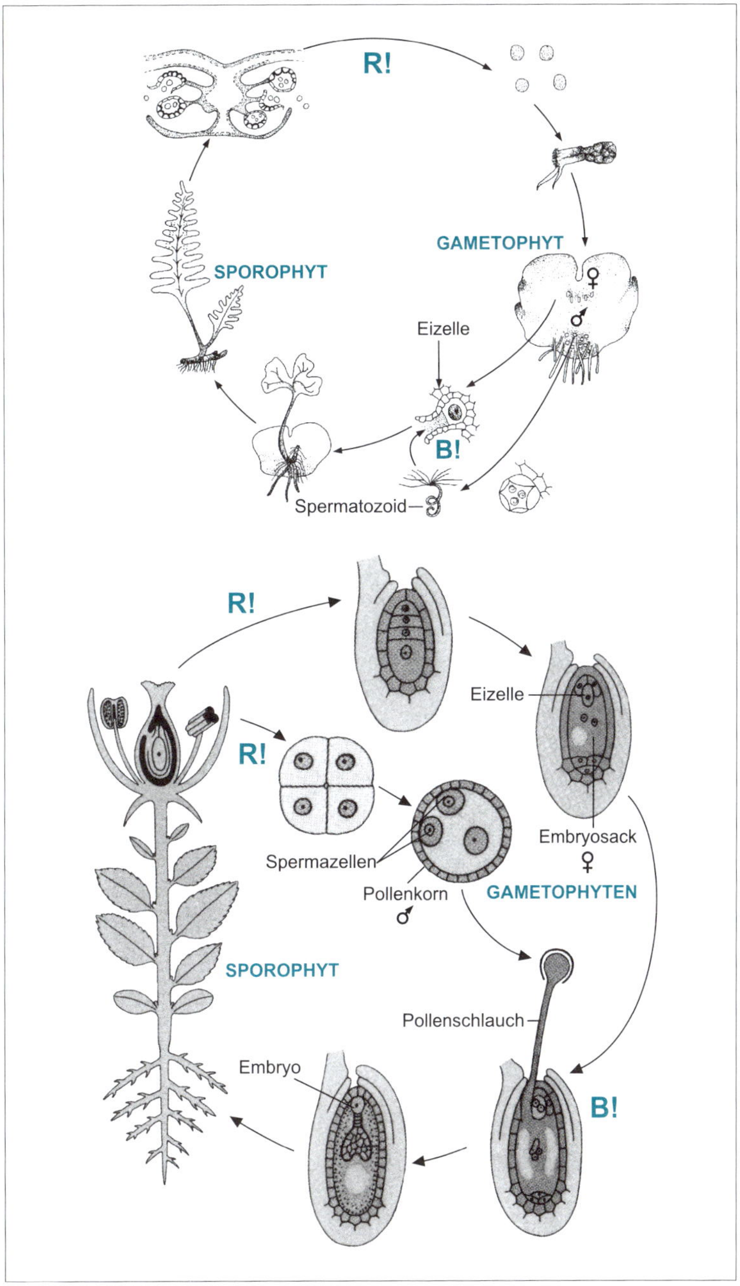

Abb. 80: Generationswechsel beim Farn (oben) und bei Blütenpflanzen (unten): B! Befruchtung, R! Reduktion des Chromosomensatzes in der Meiose.

Abbildung 80 zeigt den Vergleich des Generationswechsels bei einer Farnpflanze und einer Blütenpflanze. Beim Farn ist der Gametophyt eine zwar stark reduzierte, aber eigenständige und fotosynthetisch aktive Generation, während bei den Blütenpflanzen nur noch wenigzellige Reste der Gametophytengeneration vorhanden sind, die vom Sporophyten ernährt werden.

Bei Tieren ist ein Generationswechsel selten. Regelmäßig kommt er z. B. bei Hohltieren vor: Die Qualle ist die geschlechtliche Generation, aus der befruchteten Eizelle entwickelt sich die Planulalarve. Die Larve setzt sich fest und entwickelt sich zum Polypen (Abb. 81). Der Polyp gliedert vielzellige *Ephyra*-Larven ab, die dann wieder zu Quallen heranwachsen.

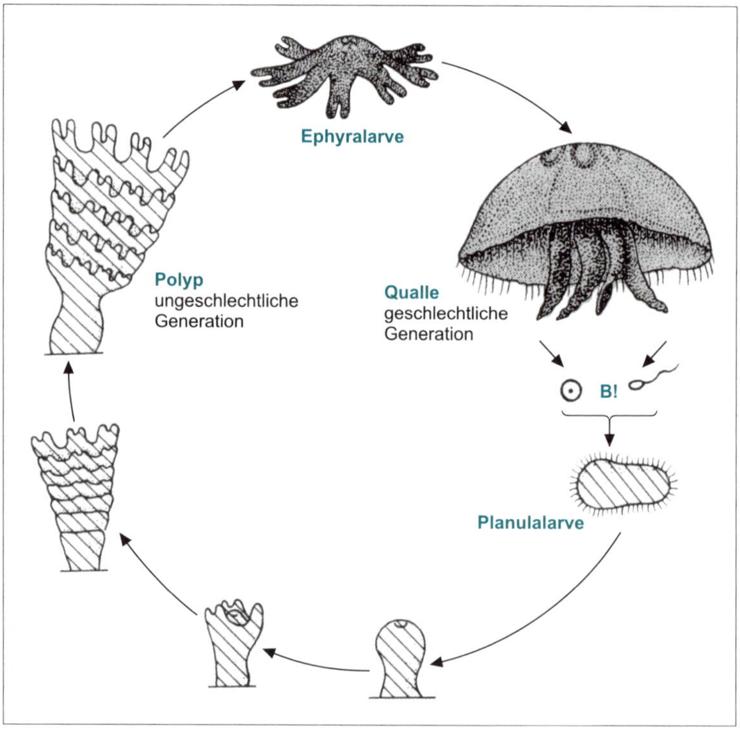

Abb. 81: Generationswechsel bei dem Hohltier *Aurelia aurita* (Ohrenqualle); B! Befruchtung.

Unter **Generationswechsel** wird ein Entwicklungszyklus verstanden, bei dem sich vielzellige haploide bzw. diploide Stadien als selbstständige Organismen abwechseln.

Endoparasiten:
griech. *endon* innen; Parasiten, die im Innern ihres Wirtes leben.

Auch bei Endoparasiten sind oft zusätzliche ungeschlechtliche Vermehrungsphasen zwischen die geschlechtliche Fortpflanzung eingeschaltet, z. B. beim Leberegel. Für sie ist eine große Nachkommenzahl überlebenswichtig, da das Auffinden eines Wirtes sehr vom Zufall abhängt.

Zusammenfassung – Formen der Fortpflanzung

- **Ungeschlechtliche** oder **vegetative Fortpflanzung** ist bei Pflanzen häufig. Vielfach werden spezielle Organe dafür gebildet, wie z. B. Ausläufer und Knollen.
- Die Nachkommen aus ungeschlechtlicher Fortpflanzung erhalten ihre Zellen durch mitotische Teilung von elterlichen Zellen und sind daher mit dem Elter erbgleich: Sie bilden einen **Klon**.
- In Experimenten lässt sich sowohl bei Pflanzen wie auch bei Tieren die **Totipotenz** des Zellkerns noch bei ausgewachsenen und differenzierten Zellen nachweisen. Bei Tieren muss allerdings diese Fähigkeit, durch eine erneute Keimesentwicklung wieder einen ganzen Organismus zu bilden, durch die Transplantation des Kerns in eine kernlos gemachte Eizelle geweckt werden. Diese Möglichkeit, auch aus Zellen eines erwachsenen Organismus Nachkommen zu erzeugen (Klonen), wird in der Reproduktionstechnologie in Landwirtschaft und Medizin genutzt.
- Die **geschlechtliche Fortpflanzung** ist die vorherrschende Art der Vermehrung, wobei der Vorteil vor allem in der Vermischung und Neukombination des Erbguts zweier Eltern zu sehen ist. Da die geschlechtliche Fortpflanzung auf der Vereinigung zweier Gameten beruht und die daraus entstehende Zygote den doppelten Chromosomensatz besitzt, muss bei der Bildung der Gameten der Chromosomensatz halbiert werden. Dies geschieht in der Meiose, die aus zwei Teilungen besteht und damit aus der diploiden Urkeimzelle vier haploide Zellen entstehen lässt.
- Bei der Spermienbildung wird jede dieser vier Zellen zu einem Spermium; bei der Eireifung erhält dagegen eine Zelle einen Großteil des Plasmas, die drei übrigen werden als kleine Pol- oder Richtungskörperchen abgesondert. Hierbei entsteht also nur eine Eizelle in einer meiotischen Teilung.
- Die **Befruchtung** ist die Verschmelzung von männlicher und weiblicher Geschlechtszelle bzw. die Verschmelzung ihrer beiden Kerne. Die so gebildete diploide Zygote ist die Ausgangszelle für die anschließende Keimesentwicklung.
- Viele Organismen, insbesondere Pflanzen, zeigen einen regelmäßigen Wechsel zwischen vegetativer und geschlechtlicher Fortpflanzung: den **Generationswechsel**. Bei den meisten Pflanzen inklusive den Blütenpflanzen ist dieser Wechsel zwischen einer Sporophyten- und einer Gametophytengeneration sogar die normale Fortpflanzungsweise.

Keimesentwicklung

Eine grüne Mamba hat ihre Entwicklung im Ei abgeschlossen und schlüpft als kleine, aber voll ausgebildete Schlange aus dem Ei.

"The discoveries of eggs and sperm helped establish development as a product of materials and mechanisms. Nevertheless they left unsolved the question of how a fully formed animal emerges from such a tiny beginning."

C. Leon Harris, *Concepts in Zoology*, 1996

1 Ein Blick in die Geschichte

ARISTOTELES hat vor über 2 000 Jahren bereits die Frage nach der Entstehung des Embryos gestellt und dabei zwei Möglichkeiten –Hypothesen – in Betracht gezogen: Entweder sind alle Teile von Anfang an vorhanden und vergrößern sich nur oder aber sie entstehen immer wieder neu.

Im 17./18. Jahrhundert herrschte aufgrund des Schöpfungsglaubens die erstere Ansicht vor: Alle Embryonen existieren bereits seit Anbeginn der Welt und sind in den Lebewesen enthalten. Anhänger dieser Einschachtelungslehre oder **Präformationstheorie** glaubten sogar, in den menschlichen Spermien eingeschlossene kleine Menschlein zu erkennen (Abb. 82). Die gegenteilige Ansicht einer Neuentstehung und Entwicklung des Embryos **(Epigenese)** wurde erstmals von Caspar Friedrich WOLFF durch genaue mikroskopische Untersuchungen des Hühnerembryos belegt.

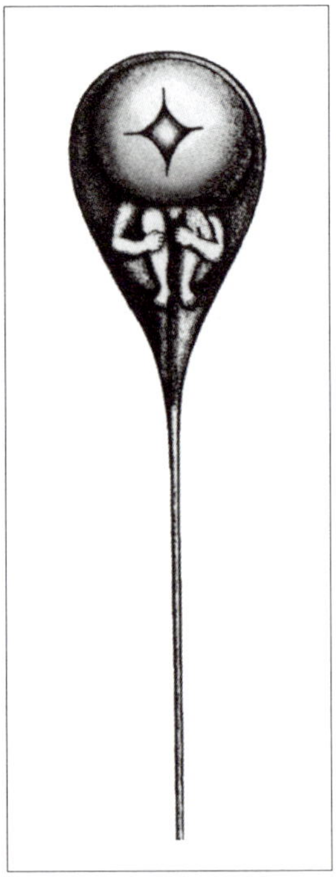

Abb. 82: In einem Spermium eingeschlossener kleiner Mensch nach der Vorstellung der Präformisten.

Im Laufe des 19. Jahrhunderts wurden auf breiter Basis vergleichende Untersuchungen der Embryonalentwicklung von Tieren durchgeführt. Karl Ernst von BAER entdeckte 1827 auch bei Säugetieren die Eizelle, die etwas später aufgestellte **Zelltheorie** führte zu der Einsicht, dass alle Organismen nur durch Teilungen aus Zellen hervorgehen. Damit war eine Präformation widerlegt, der epigenetische Charakter der Keimesentwicklung war nachgewiesen.

Der Vergleich der Keimesentwicklung vieler Tierarten führte zu der Erkenntnis, dass die frühen Entwicklungsstadien sich stark ähneln, während Unterschiede oftmals erst später erscheinen. Der Zoologe Ernst HAECKEL fasste 1872 diese Beobachtungen in der „Biogenetischen Grundregel“ zusammen, die die Übereinstimmungen mit der Abstammung von gemeinsamen Vorfahren erklärt.

Präformation ist die veraltete Vorstellung, dass der ganze Mensch bereits in den Keimzellen vorgeformt enthalten sei und sich in der Schwangerschaft nur vergrößere.

Epigenese ist die Entstehung eines Organismus durch fortschreitende Entwicklung;
Gegensatz: Präformation.

Caspar Friedrich WOLFF (1734–1794): Biologe in St. Petersburg. Durch seine Untersuchungen wies er 1759 erstmals nach, dass der Embryo eine echte Entwicklung mit Neubildung der Organe durchläuft und widerlegte damit die Präformationstheorie.

Karl Ernst von BAER (1792–1876): Zoologe; er entdeckte 1828 das Säugetierei.

Zelltheorie → siehe S. 3

Ernst HAECKEL (1834–1919): Zoologe in Jena. Haeckel entdeckte die Übereinstimmung der frühen Entwicklungsstadien bei allen mehrzelligen Tieren und stellte daraufhin die Hypothese ihrer gemeinsamen Abstammung von einer Stammart auf.

Ontogenese ist die Individual- oder Keimesentwicklung eines Organismus.

Die **biogenetische Grundregel** besagt, dass in der Keimesentwicklung (Ontogenese) stammesgeschichtliche Stadien noch einmal wiederholt werden können.

Hans Driesch (1867–1941): Entwicklungsbiologe.

Hans Spemann (1869–1941): Erhielt für seine (und H. Mangolds) entwicklungsphysiologischen Forschungen 1935 den Nobelpreis.
→ siehe S. 141 ff.

Ein **Transplantat** ist ein Gewebestück oder Organ, das einem Organismus entnommen und einem anderen eingepflanzt wird.

Im 20. Jahrhundert verlagerte sich der Schwerpunkt der Embryologie auf die Klärung der Frage nach den **Ursachen** und der **Steuerung** der gestaltbildenden Prozesse. Vor allem Hans Driesch und Hans Spemann haben mit Transplantationsexperimenten und anderen Techniken grundlegende Erkenntnisse über die Kausalfaktoren der Entwicklung gewonnen. Das Entwicklungsgeschehen ist aber so kompliziert, dass es erst in den letzten Jahren gelungen ist, die Frage zumindest im Grundsatz zu klären, wie die Umsetzung des genetischen Programms in eine in Zeit und Raum sich entwickelnde organische Gestalt erfolgt. Hier ist es gelungen, die Erkenntnisse der Molekulargenetik mit den Prozessen der Gestaltbildung (Morphogenese) zu verbinden. Es ergeben sich damit faszinierende Einsichten in die Frage, wie der in den Genen verborgene „Bauplan“ während der Keimesentwicklung in der „Architektur“ des Organismus realisiert wird.

2 Keimesentwicklung bei Pflanzen

2.1 Keimung und Wachstum von Blütenpflanzen

Generationswechsel
→ siehe S. 100 ff.

Der bereits beschriebene Generationswechsel bei Pflanzen führt in der Gametophytengeneration zur Befruchtung der Eizelle und damit zur Bildung einer Zygote. Bei den Blütenpflanzen bleibt die Zygote im Fruchtblatt des Sporophyten und bildet hier zunächst einen Embryo, der bis zur Keimung im Samen eingeschlossen bleibt.

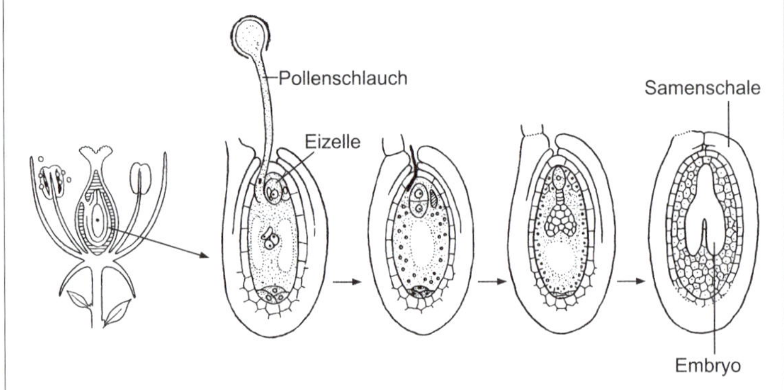

Abb. 83: Entwicklung des Embryos in der Samenanlage einer Blütenpflanze

Die Entwicklung des Embryos ist in Abbildung 83 schematisch dargestellt. Aus der Zygote entsteht zunächst durch mitotische Teilungen ein fadenförmiger Vorkeim, an dessen einem Ende sich durch viele Quer- und Längsteilungen die beiden Keimblätter bilden. Am entgegengesetzten Pol wird die Wurzel angelegt. Sie ist stets zu der Stelle der Samenanlage hin orientiert, durch die auch der Pollenschlauch mit den Spermazellen eingedrungen ist. Der Embryo wird von den schützenden und ernährenden Gewebeschichten der Samenanlage eingeschlossen. Nach seiner Bildung kann er lange Zeit im Samen ruhen, bis geeignete Umweltbedingungen (Wärme, Feuchtigkeit, Tageslänge) die Keimung in Gang setzen.

Mit dem Auskeimen des Samens vergrößert sich der Embryo (Abb. 84), aus der Endknospe zwischen den beiden Keimblättern entwickelt sich die Sprossachse mit Blättern, auf der entgegengesetzten Seite verlängert und verzweigt sich die Wurzelanlage. Die für das Auskeimen zunächst benötigten Nährstoffe sind im Samen enthalten. Sie können im

Gewebe um den Embryo herum gelagert sein, wie z. B. bei Getreidekörnern (Abb. 84), oder aber auch in den Keimblättern selbst, wie bei der Bohne. Der Stärkevorrat im Getreidekorn wird bei der Keimung durch Enzyme in lösliche Zucker umgewandelt und beim ersten Wachstum verbraucht.

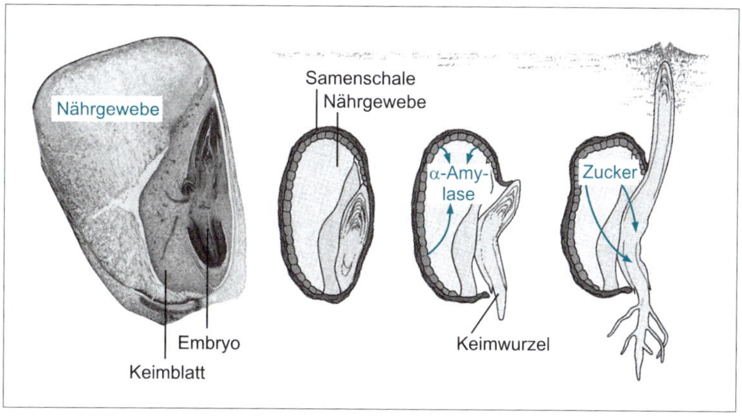

Abb. 84: Schnitt durch ein Maiskorn. Der Embryo bildet ein einziges großes Keimblatt, das der Aufnahme der Nährstoffe aus dem Nährgewebe bei der Keimung dient. Im keimenden Samen wird die Stärke durch Enzyme in löslichen Zucker verwandelt und so dem Keimling zugeführt.

Meristeme → siehe S. 76

Das Wachstum der Pflanze geht stets von besonderen Gewebszonen aus, die als **Meristeme** bezeichnet werden (Abb. 85). Sie bestehen aus fortdauernd embryonal bleibenden Zellen, die durch Teilung differenzierte und spezialisierte Zellen erzeugen können. Solche Bildungsgewebe sind insbesondere in den Knospen zu finden, aber auch in Wurzelspitzen und in Leitbündeln. Abbildung 86 zeigt die Ausgliederung noch meristematischer Anlagen der einzelnen Blütenorgane aus einer Sprossachse. In immer engeren Kreisen erscheinen hier die Blütenblätter, viele Staubblattanlagen sowie als innerster Ring die Fruchtblätter. Im Zentrum ist noch die Sprossachse erkennbar, die bei der Weiterentwicklung der Blüte ihr Wachstum einstellt.

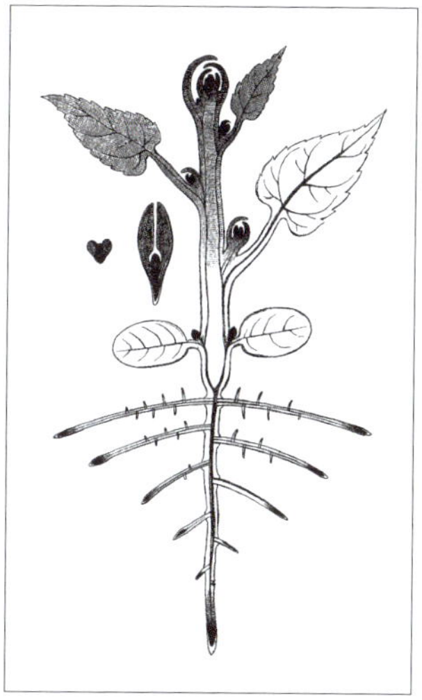

Abb. 85: Keimling einer Blütenpflanze. Die dunklen Bereiche sind die meristematischen Gewebszonen.

Meristeme sind Bildungsgewebe in Pflanzen, die ihre Teilungsfähigkeit beibehalten und damit dauerhaft in der Lage sind, Zellen für Wachstum und Gewebebildung zu erzeugen.

Aufgrund solcher Meristeme sind Pflanzen zu unbeschränktem Wachstum befähigt.

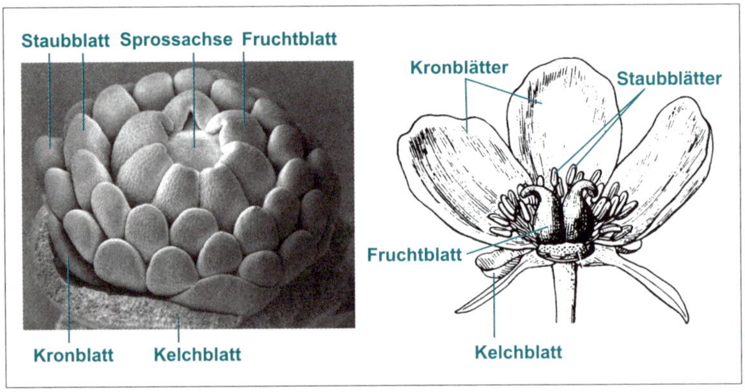

Abb. 86: Organausbildung in der Blüte. Die verschiedenen Blütenorgane entstehen zunächst als kleine, höckerförmige Auswüchse am Ende der Sprossachse (rasterelektronenmikroskopische Aufnahme). Rechts die Blütenorgane im ausgewachsenen Zustand.

Kambium → siehe S. 76

Auch die Bildung von Jahresringen in den Stämmen vieler Holzpflanzen beruht auf der Teilungsaktivität eines Meristems, das man als Kambium bezeichnet. Es liegt wie ein Hohlzylinder zwischen dem verholzten Innenbereich des Stamms und der Rinde.

2.2 Faktoren, die die Entwicklung beeinflussen

Das Entwicklungsprogramm von Pflanzen ist viel stärker als das von Tieren auf Wechselwirkungen mit Umweltreizen ausgerichtet. Faktoren wie Schwerkraft, Licht und Temperatur wirken dabei oft als Signale, die die Wuchsrichtung und Gestaltung von Pflanzenorganen bestimmen oder überhaupt erst Entwicklungsprozesse in Gang setzen. Sehr vielfältige Wirkungen sind mit dem **Licht** und dem Tag-Nacht-Rhythmus, der sogenannten **Fotoperiode**, verbunden.

Licht- und Dunkelkeimer. Manche Pflanzen wie Salat, Tabak und Nachtkerze benötigen zu ihrer Keimung Licht, sie verharren im Dunkeln in Samenruhe. Bei Dunkelkeimern wie dem Kürbis oder der Bienenfutterpflanze *Phacelia* wird andererseits die Keimung durch Licht verhindert. Bei diesen Pflanzen genügt bereits eine kurze Belichtung des gequollenen Samens, um die Keimung zu hemmen.

Bei heranwachsenden Keimlingen induziert das Licht Formveränderungen, die als **Fotomorphosen** bezeichnet werden. Im Dunkeln wachsende Triebe von Kartoffeln sind lang, die Blätter bleiben rudimentär (Abb. 87).

> **Fotomorphosen** sind vom Licht induzierte Formveränderungen bei Pflanzen.

Die Sprosse sind bleich, da sich Chlorophyll nur am Licht bildet. Bei der Gewebebildung entsteht nur wenig Festigungs- und Leitgewebe.

Diese bei Lichtmangel auftretenden Formveränderungen bezeichnet man als Vergeilung oder **Etiolement**. Beim Spargel werden die etiolierten Sprosse als Gemüse genutzt. Der Vorteil für die Pflanze ist darin zu sehen, dass durch das Etiolement alle Baustoffe dazu verwendet werden, den wachsenden Spross ans Licht zu bringen und damit Fotosynthese zu ermöglichen.

Etiolement: franz. *etioler* verkümmern, bleichsüchtig werden

Abb. 87: Normaler, im Licht gewachsener Keim der Kartoffel (links), Etiolement beim Auskeimen in Dunkelheit (rechts).

Bei vielen Pflanzen ist auch die Blütenbildung lichtabhängig. Hier wirkt die Tages- und Nachtlänge, die Fotoperiode, als Signalgeber. Die **Langtagspflanzen** wie Radieschen, Getreidearten und Bohnen blühen erst im Frühsommer, wenn die Tageslänge über 14 Stunden beträgt. **Kurztagspflanzen** wie der Weihnachtsstern, Chrysanthemen oder einige Tabaksorten blühen nur bei Tageslängen unter 14 Stunden. Nicht alle Blütenpflanzen folgen diesem Muster, es gibt auch tagneutrale Pflanzen wie Tomate oder Reis.

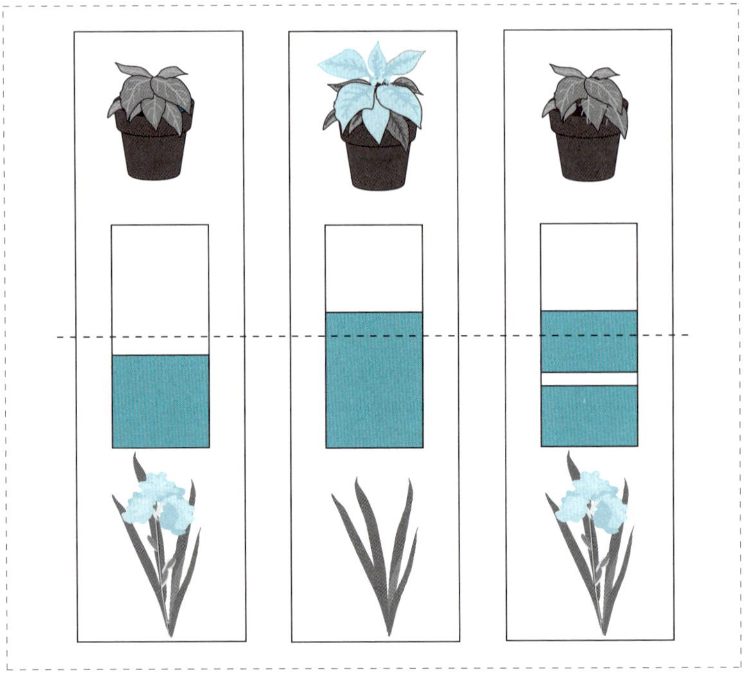

Abb. 88: Blühinduktion durch die Fotoperiode. Die Balken zeigen das Verhältnis von Licht und Dunkelheit im 24-Stunden-Tag, die gestrichelte Linie markiert die kritische Nachtlänge. Der Weihnachtsstern (oben) blüht als Kurztagspflanze nur bei einer Dunkelphase über dem kritischen Wert, die Schwertlilie (unten) braucht als Langtagspflanze kurze Dunkelphasen. Eine kurze Unterbrechung der Dunkelphase im Kurztag (rechts) hat dieselbe Wirkung wie der Langtag (links).

Einfache Versuche zeigen, dass der Ausschlag gebende Faktor die Länge der Nacht ist. Schon kurze Lichteinwirkungen in der Dunkelphase können die Wirkung bei Kurztagspflanzen aufheben (Abb. 88). Die normalerweise im Kurztag im Herbst blühenden Chrysanthemen kann man gezielt erst zum Muttertag im Mai zum Blühen bringen, wenn man die von ihnen benötigten langen Nächte bis dahin durch eine kurze, nur Minuten dauernde Lichteinwirkung in zwei kurze Nächte aufteilt.

Phytochrom:
griech. *phyton* Pflanze, *chroma* Farbe

Phytochromsystem als Lichtrezeptor

Wie können Pflanzen die Dunkelperiode messen? Die Fotoperiode wird von den grünen Blättern wahrgenommen, wobei oft ein einzelnes Blatt genügt (Abb. 89). Vom Blatt wird das Signal zur Blütenknospe transportiert, wo es die Ausbildung der Blütenorgane induziert. Damit ergibt sich einerseits die Frage nach dem Fotorezeptor in den Blättern, andererseits die Frage nach dem weiteren Signaltransports zur Blütenanlage. Der Rezeptor für den Lichtreiz ist das **Phytochrom**, ein Protein mit einem lichtabsorbierenden Pigment, das vorwiegend im Zellplasma enthalten ist. Phytochrom liegt in zwei Varianten vor: P_{660} absorbiert Hellrot (Wellenlänge um 660 nm), P_{730} Dunkelrot (Wellenlänge um 730 nm). Die Absorption bewirkt jeweils die Umwandlung in die andere Variante. Die physiologisch aktive Form ist das P_{730}, es wird durch Hellrot-Belichtung des Phytochroms gebildet (Abb. 90). Das Phytochrom funktioniert also wie ein Schalter, der durch die entsprechende Lichteinwirkung ein- und ausgeschaltet werden kann. Sonnenlicht enthält beide Wellenlängen, dadurch liegt bei Beleuchtung ein genügender Anteil an aktivem P_{730} vor. In der Dunkelheit, z. B. in etiolierten Keimlingen, liegt alles Phytochrom in der Form P_{660} vor und ist damit unwirksam. In vielen Fällen aktiviert das P_{730} gezielt bestimmte Gene, durch die dann weitere Entwicklungen in Gang gesetzt werden. Die Schalterfunktion des Phytochroms erklärt auch die Wirkung eines Lichtblitzes in der laufenden Dunkelperiode (Abb. 90). Auch eine kurze Lichteinwirkung vermag genügend P_{730} zu erzeugen um entsprechende physiologische Aktivitäten hervorzurufen.

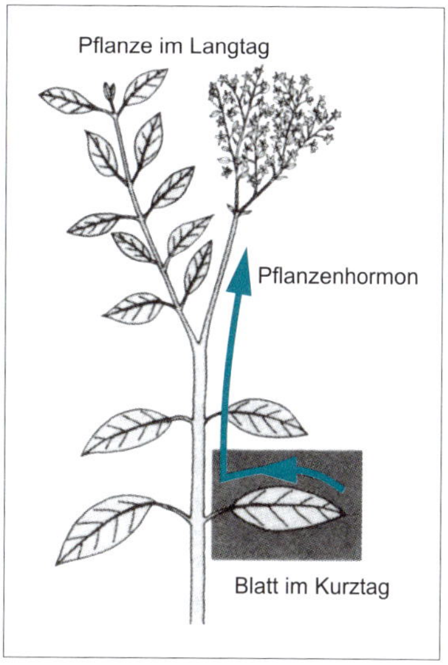

Abb. 89: Eine im Langtag wachsende Kurztagspflanze blüht auch, wenn nur ein Blatt im Kurztag gehalten wird. Der Signalreiz in diesem Blatt wird über Hormone zu den Blütenanlagen übertragen.

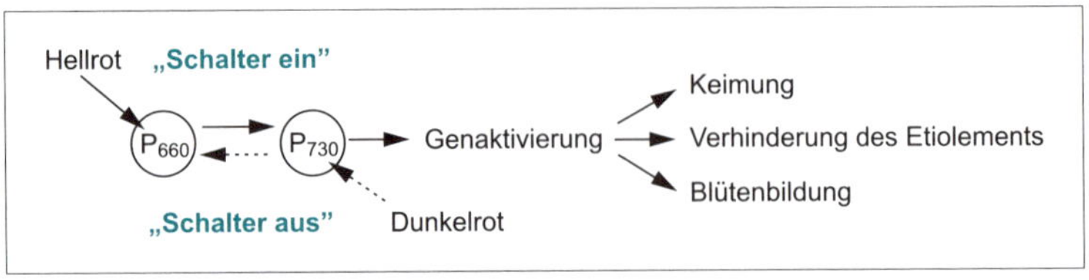

Abb. 90: Schema des Phytochromsystems

Pflanzenhormon: griech. *horme* Anstoß, Antrieb

Neben Außenfaktoren wie Licht sind auch **Pflanzenhormone** als innere Faktoren an der Steuerung des Wachstums und der Entwicklung beteiligt:
Auxin stimuliert das Streckungswachstum in jungen Sprossen. Es bewirkt eine Lockerung der Zellulosebindungen in den Zellwänden, der Wanddruck wird daher geringer und die Zellen können osmotisch Wasser aufnehmen und sich dabei vergrößern.
Cytokinine wurden bei Wachstumsversuchen in der Kokosmilch entdeckt. Sie regen Zellteilungen in Wurzeln und Embryonen an.
Gibberelline wirken ähnlich wie Auxin auf das Streckungswachstum. Sie veranlassen z. B. das „Schießen" des Blütenstängels durch Streckungswachstum beim Salat.

Diese Pflanzenhormone werden im Gewebe weitergeleitet. Sie sind wahrscheinlich auch an der **Signalübertragung** des Lichtreizes vom Phytochrom im Blatt zur Blütenanlage beteiligt (Abb. 89). Ein eigenes „Blühhormon" wird zwar seit langer Zeit vermutet und gesucht, ist aber bisher noch nicht gefunden worden.

Pflanzenhormone sind organische Verbindungen, die im Gewebe gebildet und zu ihrem Wirkort transportiert werden. Sie spielen eine wichtige Rolle bei der Regulation der Wachstums- und Entwicklungsprozesse.

3 Keimesentwicklung bei Tier und Mensch

Unter Keimesentwicklung oder Ontogenese versteht man die Prozesse, die von der Zygote bis zur Geburt bzw. zum Schlüpfen des Organismus führen. Obwohl bei den mehrzelligen Tieren in allen Verwandtschaftsgruppen die Entwicklungsabläufe untersucht und beschrieben wurden, haben sich einige Organismen als besonders geeignet für genauere Analysen erwiesen. Sie stellen sozusagen **Modellorganismen** dar, deren Keimesentwicklung viele typische Elemente enthält. Für die Wirbellosen ist das z. B. die Taufliege *(Drosophila)*, bei den Wirbeltieren zeigen die Amphibien – und hier besonders der Krallenfrosch – viele allgemein gültige Entwicklungsabläufe. Der Krallenfrosch hat den früher bevorzugten Molch abgelöst, da er leicht im Labor zu halten ist und durch Injektion von Hormonen jederzeit zum Ablaichen veranlasst werden kann. Vor allem hat sich auch die experimentelle Erforschung der Entwicklungsursachen und ihrer Steuerung auf einige wenige solche Modellorganismen konzentriert.

experimentelle Erforschung → siehe S. 132 ff.

3.1 Die Entwicklung des Krallenfrosches als Grundmodell der Wirbeltierentwicklung

Amphibien stellen die „primitivsten" Landwirbeltiere dar. Ihre Verbundenheit mit dem Lebensraum Wasser zeigt sich u. a. darin, dass sie ihre Keimesentwicklung im Wasser vollziehen, auch wenn die adulten Tiere auf dem Land leben. Die Tiere durchlaufen dabei nach dem Schlüpfen zunächst ein an das Wasser gebundenes Larvenstadium: Bei Fröschen ist das die Kaulquappe, die durch Kiemen atmet und sich mit dem Ruderschwanz im Wasser fortbewegt. Sie bildet in wenigen Tagen Beine aus, verliert den Schwanz und die Kiemen und wandelt sich so zum ausgewachsenen, geschlechtsreifen Frosch (Abb. 91). Diese larvale Entwicklung wird als Metamorphose bezeichnet.

Als **adult** bezeichnet man erwachsene und damit geschlechtsreife Organismen.

Larve: lat. *larva* Maske, Gespenst; Jugendform von Organismen, die eine Metamorphose durchlaufen.

Bei einer **Metamorphose** verändert sich eine Larve in einer zweiten Entwicklungsphase nach der Keimesentwicklung schrittweise zum adulten Tier.

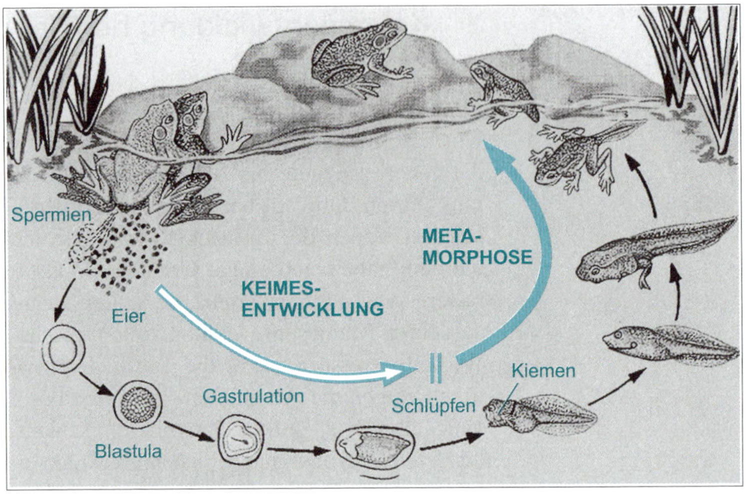

Abb. 91: Der Entwicklungszyklus mit Metamorphose beim Frosch

Ablauf der Keimesentwicklung

Das Ei ist keineswegs eine undifferenzierte, gleichmäßige Masse. Schon äußerlich sind am unbefruchteten Ei eine dunkel pigmentierte animale Halbkugel und eine hell gefärbte vegetative Halbkugel erkennbar. Das Spermium kann nur in die animale Halbkugel eindringen, die danach vom Plasma abgehobene Befruchtungsmembran verhindert das Eindringen weiterer Spermien. Zugleich kann das Ei in dieser Hülle rotieren, wobei sich die schwere dotterreiche vegetative Hälfte nach unten kehrt. Durch diese Rotationsbewegung verlagern sich Teile des Plasmas so, dass gegenüber dem Eintrittsort des Spermiums ein schwächer pigmentierter Streifen, der sogenannte **graue Halbmond** erkennbar ist. Diese ersten Differenzierungen in der Zygote bestimmen die Lage des zukünftigen Embryos: Wenn man ihn sich auf die Zygote projiziert vorstellt, liegt er so über dem grauen Halbmond, dass der Kopf zum animalen Pol weist (Abb. 92).

Animaler Pol, animale Halbkugel: Schon die Eizelle besitzt bei den meisten Tieren eine Polarität. Der animale Pol liegt an der Seite, wo die Polkörperchen gebildet werden (→ siehe Meiose, S. 93 ff.). Hier liegt auch der Kern des Eis. Die vegetative Halbkugel ist dagegen nährstoffreicher.

vegetativ: lat. pflanzlich, aber auch belebend

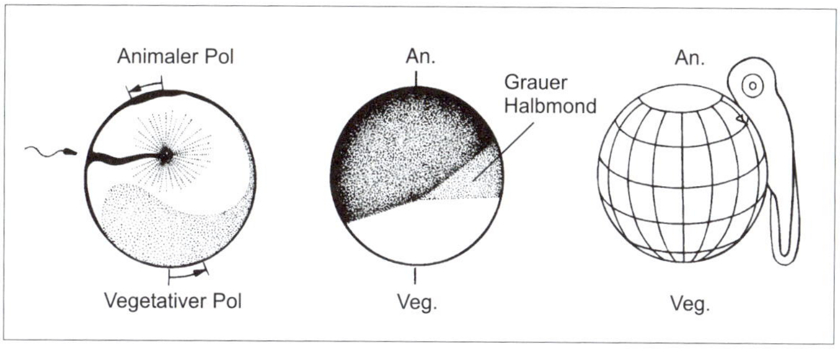

Abb. 92: Die Orientierung des Froschembryos in Bezug auf die Eintrittstelle des Spermiums in das Ei. Im Schema rechts sind die Meridiane vom animalen Pol (An.) zum vegetativen Pol (Veg.) gezogen, um die Ausrichtung des zukünftigen Embryos zu verdeutlichen.

Die ersten Teilungsschritte

Blasto- (in Zusammensetzungen) von griech. *blastos* Keim

meridional: einem Längengrad folgend

Morula: lat. *morum* Maulbeere

Wenige Stunden nach der Befruchtung beginnen die mitotischen Teilungen. Am animalen Pol der Zygote entsteht eine Furche, die sich vertieft und zum vegetativen Pol hin fortschreitet. Diese erste **Furchung** teilt das Ei in zwei gleich große Tochterzellen, die Blastomere. Der graue Halbmond wird dabei gleichmäßig aufgeteilt. 1–2 Stunden nach dieser ersten Teilung bildet sich eine zweite, ebenfalls meridional verlaufende Furchungsebene aus. Sie steht senkrecht auf der ersten. Die dritte Teilungsfurche liegt oberhalb des Ei-Äquators. Dadurch entsteht ein 8-Zellstadium mit vier kleineren animalen und vier größeren dotterreichen vegetativen Zellen. Etwa 15 Stunden nach der Eiablage sieht der Keim wie eine Brombeere oder Maulbeere aus, deshalb wird er als Maulbeerkeim oder **Morula** bezeichnet. Durch das Auseinanderrücken der Blastomeren entsteht nun ein blasenförmiger Keim, die **Blastula**, mit der flüssigkeitsgefüllten Furchungshöhle. Das dünne Dach wird von animalen Zellen, der dicke Boden von vegetativen Zellen gebildet.

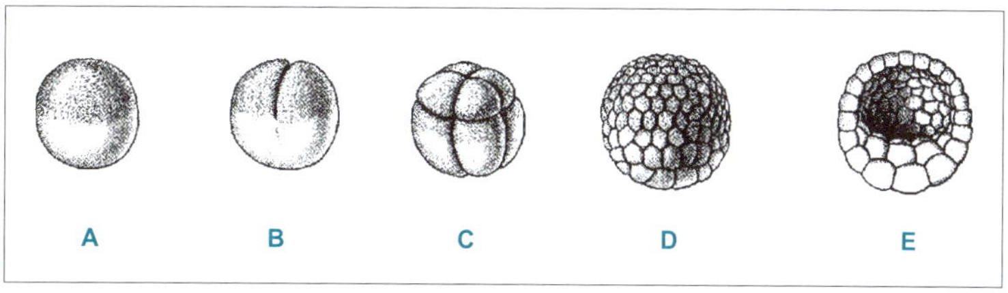

Abb. 93: Die ersten Schritte der Keimesentwicklung: (A–C) Furchung, (D) Morula, (E) Blastula.

Gastrulation

Beim nächsten Entwicklungsschritt senkt sich die Hohlkugel unterhalb des grauen Halbmondes ein, es entsteht die Urmundgrube. Sie verengt sich zu einem sichelförmigen Spalt und schließlich zum Urmund. Die lippenartig vorgewölbten Ränder werden als Urmundlippen bezeichnet. Zellen des animalen Bereichs wandern auf die obere Urmundlippe zu, die vegetativen Zellen wandern in Richtung der unteren Urmundlippe. Diese Wanderungsbewegungen ganzer Zellschichten führen zur Einstülpung der Hohlkugel, der **Gastrulation**. Die ins Innere gewanderten Zellbereiche bilden den Urdarm. Bei Wirbeltieren wird der Urmund im Laufe der Ontogenese zum After, auf der entgegengesetzten Seite bildet sich der Kopf mit der Mundöffnung (Neumünder). Auf diese Weise kommt die in Abbildung 94 gezeigte Lagebeziehung des Embryos zur Ausgangsform des Eis zustande. Die Furchungshöhle wird durch den Vorgang der Gastrulation stark eingeengt. Das Ergebnis dieser Prozesse bezeichnet man als **Gastrula**.

Ektoderm → siehe S. 74

Als **Mesoderm** wird das mittlere Keimblatt zwischen Ento- und Ektoderm bezeichnet.

Entoderm → siehe S. 74

Neumünder (Deuterostomia) ist die Verwandtschaftsgruppe aller Tiere, bei denen der Urmund sich zum After entwickelt und der Mund neu angelegt wird.

Zu den **Urmündern** (Protostomia) gehören die Würmer, die Weichtiere und die Gliedertiere. Bei ihnen entwickelt sich der in der Gastrulation gebildete Urmund zum späteren Mund, während der After neu angelegt wird.

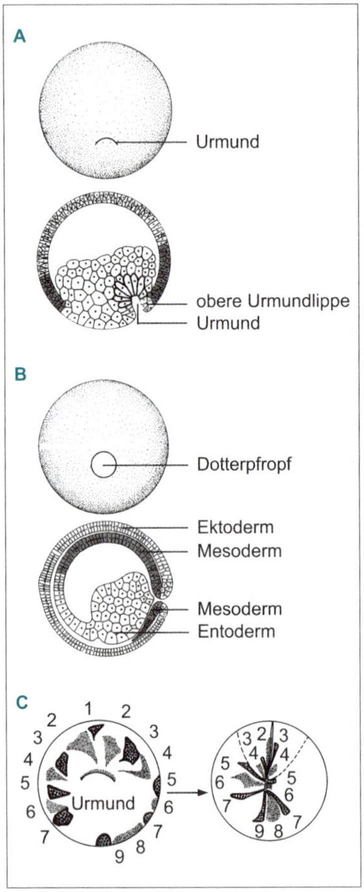

Abb. 94: Gastrulation beim Froschkeim: (A) Frühes, (B) spätes Stadium in Außenansicht und im Längsschnitt. (C) Durch Farbmale kann die Zellbewegung bei der Gastrulation in Richtung zum Urmund sichtbar gemacht werden.

Die **Gastrula** ist das zweischichtige Entwicklungsstadium, das auf die Blastula folgt. In der Gastrula werden die Keimblätter angelegt.

Keimblattbildung

Aus den eingewanderten Zellen des Urdarms löst sich die obere Schicht (das Urdarmdach) ab, die untere schließt sich wieder zur Darmröhre zusammen. Damit sind jetzt drei Schichten entstanden, die als **Keimblätter** bezeichnet werden: das aus der äußeren Schicht bestehende Ektoderm, das den Urdarm bildende Entoderm und das zwischen ihnen liegende Mesoderm. Entstehungsmäßig geht das Mesoderm auf die eingewanderten Zellen der oberen Urmundlippe zurück.

Unter **Keimblättern** versteht man die drei Schichten (Ektoderm, Mesoderm, Entoderm) der späten Gastrula in der Embryonalentwicklung von Tieren, aus denen alle Organe hervorgehen.

Die ersten Schritte zur Organbildung: die Neurulation

Gegen Ende der Gastrulation beginnt an den Keimblättern die Bildung der Organe. Von außen sieht man auf dem Rücken des Keims die Ausbildung eines schuhsohlenförmigen Feldes. In diesem Bereich erfolgt ähnlich wie bei der Gastrulation eine Einstülpung und Abfaltung von Zellmaterial ins Innere, das Neuralrohr wird angelegt. Aus diesem Neuralrohr entwickelt sich im weiteren Verlauf der Ontogenese im vorderen Bereich das Gehirn, aus dem übrigen Bereich das Rückenmark. Schon zu Beginn der Neurulation entsteht dabei aus dem Mesoderm die Chorda, ein der Länge nach den Embryo durchziehender Gewebestreifen. Er wird später durch die Bildung der Wirbelsäule ersetzt. Die weitere Entwicklung verläuft so, dass sich aus den vegetativen Zellen des Urdarms vorwiegend die Verdauungsorgane differenzieren (Magen, Darm, Leber), aus dem Ektoderm weitere Komponenten des Nervensystems, insbesondere auch Sinnesorgane, und aus dem Mesoderm das Skelett und die Muskulatur.

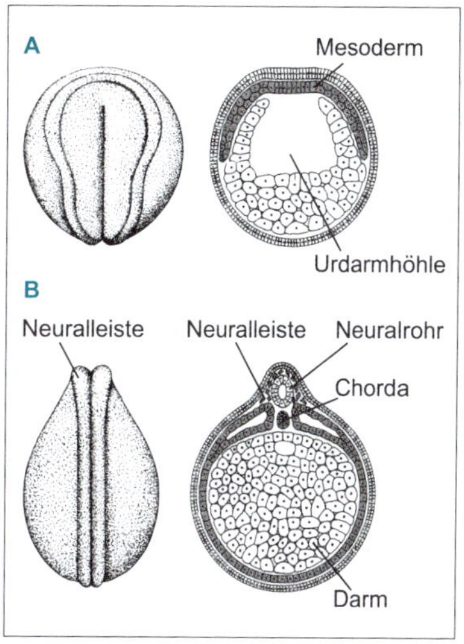

Abb. 95: (A) Frühes und (B) spätes Stadium der Neurulation beim Froschkeim; links Aufsicht, rechts Querschnitte durch den Embryo.

Zellwanderungen

Besonders bemerkenswert ist bei der Keimesentwicklung von Tieren, dass im Unterschied zum Pflanzenembryo nicht nur Teilungen, Wachstum und Differenzierung stattfinden, sondern ein wesentlicher Teil der Gestaltung durch Zellbewegungen und **Zellwanderungen** zu Stande kommt. Nicht nur bei der Gastrulation und bei der Neurulation beobachtet man solche Prozesse. Auch eine Reihe von Organen wird von Zellen gebildet, die erst an ihren endgültigen Ort im Organismus wandern. Dazu gehören die Urkeimzellen, die amöbenartig am Urdarm entlang wandern sowie die Blutzellen, die ursprünglich außerhalb des Embryos am Dottersack gebildet werden und in die Leber, Milz und das Knochenmark einwandern.

Eine zentrale Zone, in der solche Wanderzellen angelegt werden, stellen die **Neuralleisten** beiderseits des Neuralrohrs dar (Abb. 95 B). Diese Zellen wandern im Embryo in ganz verschiedene Zielgebiete und differenzieren sich dort in ganz unterschiedliche Gewebe und Organe. So entstehen aus ursprünglichen Neuralleistenzellen u. a.

- Pigmentzellen in der Haut
- Nervenzellen des vegetativen Nervensystems (z. B. Sympathikus)
- die Hirnhäute
- die Gehörknöchelchen.

Überraschend ist auch die Entstehung der Verschaltung des Zentralnervensystems: Nervenzellen wachsen aufeinander zu und verbinden sich miteinander zu funktionsfähigen Strukturen. Ähnlich baut sich auch das Blutgefäßsystem aus vielen einzelnen Kapillar- und Adergeflechten auf, die sich dann geordnet zum Gesamtsystem zusammenschließen.

Bei diesen Entwicklungsvorgängen können sich die Zellen an Oberflächensubstanzen in den Zellmembranen orientieren und dadurch ihr Ziel finden *(contact guidance)*. Aber weder die genauen Mechanismen der Lenkung und Wanderung zum Zielort sind bekannt, noch ist geklärt, wie die Differenzierung der Zellen zu ihrer endgültigen Funktion programmiert ist. Vor einigen Jahren hat ein Wissenschaftler den Sachverhalt so zusammengefasst: „Considering the importance of the problem and the beauty of the material, it is striking that so little progress has been made." (Trinkaus: *Cells into Organs*, 1969). Zwar sind seitdem bedeutende Fortschritte erzielt worden, doch immer noch verbergen sich viele Geheimnisse in den Zellwanderungen während der Keimesentwicklung.

Membran → siehe S. 27 f.

contact guidance: engl. Führung durch den Kontakt mit anderen Zellen

„In Anbetracht der Bedeutung des Problems und der Schönheit des Materials fällt auf, wie wenig Fortschritt gemacht worden ist."

3.2 Entwicklung bei höher organisierten Wirbeltieren – ein Überblick

Im Unterschied zu Amphibien legen Reptilien und Vögel ihre Eier an Land ab, bei Säugetieren bleibt der Keim zumindest während seiner ersten Entwicklungsschritte im Mutterleib. Im Zusammenhang damit treten bei diesen stärker an das Landleben angepassten Wirbeltieren schon in der Embryonalentwicklung Abweichungen vom Grundmodell der Amphibien auf. Alle drei Gruppen haben trotz ihrer Lösung vom Entwicklungsraum Wasser eine wässrige Hülle um den Keimling beibehalten, die vor allem mechanischen Schutz bietet: die Amnionhöhle. Sie wird von einer aus dem Ektoderm und dem Mesoderm sich ausstülpenden Amnionfalte gebildet, deren Ränder sich über dem Embryo vereinigen und ihn dadurch in eine flüssigkeitsgefüllte Blase einschließen: die **Fruchtwasserblase**.

Das **Amnion** ist eine vom Embryo gebildete Haut, die ihn umhüllt und das Fruchtwasser enthält: die Fruchtwasserblase.

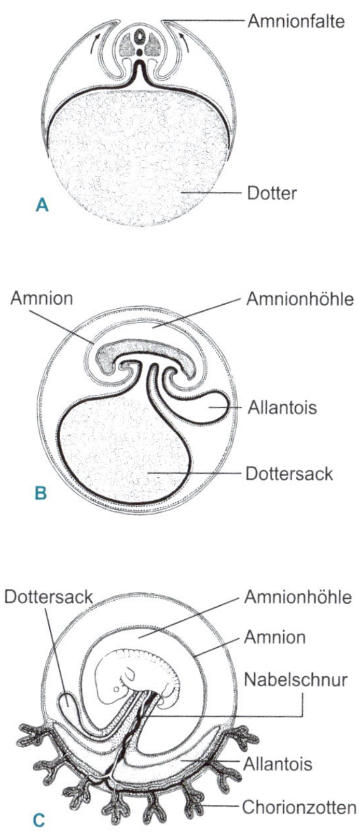

Abb. 96: (A, B) Amnionbildung bei Reptilien und Vögeln (A Querschnitt, B Längsschnitt); (C) Säugerembryo.

Reptilien und Vögel bilden dotterreiche Eier. Dabei stellt der Dotter die eigentliche Eizelle dar, beim Vogelei wird erst während der Passage durch den Eileiter das Ei mit Eiweiß, den Eihüllen und der Kalkschale versehen. Aufgrund der Größe des Dotters ist es nicht möglich, dass sich das ganze Ei während der Furchung teilt; vielmehr finden die Teilungen und auch die Gastrulation und die Neurulation in einer kreisförmigen Scheibe auf der Dotteroberfläche statt **(diskoidale Furchung)**.

diskoidal: griech. *diskos* Scheibe, Diskus

Der **Dottersack** wird wie das Amnion und die Allantois aus einer embryonalen Haut gebildet; er umschließt den Nährstoffvorrat des Embryos.

Abfallprodukte des Embryos, insbesondere stickstoffhaltige Stoffe, werden im embryonalen Harnsack, der **Allantois**, gelagert. Die Allantois wird aus dem Entoderm des Embryos gebildet.

Aus dieser **Keimscheibe** entsteht der Embryo, der zunächst auf der großen Dotterkugel liegt. Zusammen mit dem um ihn herum wachsenden Amnion bildet sich nach unten eine Umhüllung des Dotters durch Ausstülpung des Entoderms. Dadurch ist dieser **Dottersack** direkt mit dem Darm verbunden, sein Inhalt wird im Laufe der Keimesentwicklung aufgebraucht.

Noch ein weiteres embryonales Anhangsorgan findet sich in diesen Tiergruppen: die **Allantois**, der embryonale Harnsack, der ebenfalls als Anhangsgebilde des Darms entsteht. Er nimmt nicht nur die Abbauprodukte des Stoffwechsels, insbesondere die stickstoffreichen Exkrete wie Harnsäure auf, sondern ermöglicht auch den Gasaustausch an seiner Oberfläche (Abb. 97).

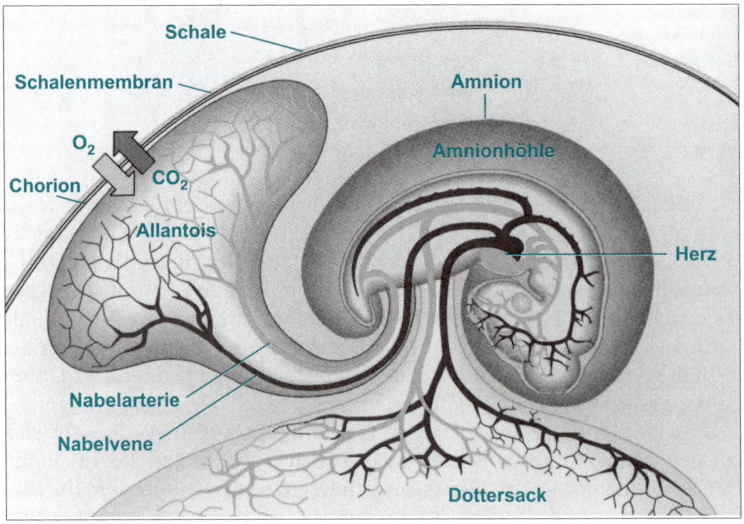

Abb. 97: Vogelembryo mit großem embryonalem Harnsack (Allantois), der auch dem Gasaustausch und damit der Sauerstoffversorgung des Keimlings dient.

Die plazentalen Säugetiere und mit ihnen der Mensch haben die Entwicklung des Keimlings in das Innere des Mutterleibs verlegt. Hier wird der Embryo über die Nabelschnur mit Nährstoffen und Sauerstoff aus dem mütterlichen Blut versorgt und gibt Abbauprodukte dorthin ab (Abb. 97). Dieser aus embryonalen Blutgefäßen und mütterlichem Gewebe bestehende Versorgungsbereich der Gebärmutterwand ist die **Plazenta** (Mutterkuchen). Trotz der Versorgung über die Plazenta findet sich beim Säugerembryo auch ein Dottersack, der als stammesgeschichtliches Relikt betrachtet werden kann, da die Säugetiereier dotterarm sind. Ein gemeinsames und namengebendes Kennzeichen der Säugetiere ist der Besitz von Milchdrüsen, die der Ernährung des Jungtieres nach der Geburt dienen.

3.3 Die menschliche Embryonalentwicklung

Blastozystenhülle
→ siehe *Zona pellucida*, S. 98 f.

Die Befruchtung des Eis geschieht beim Menschen schon im Eileiter. Während der Wanderung zur Gebärmutter finden die Furchungsteilungen und die Umbildung zu einer Hohlkugel (Blastozyste) statt. Man spricht hier nicht von einer Blastula, da der eigentliche Embryo nur aus der in der Kugel liegenden Zellmasse entsteht. Die Blastozyste verliert ihre Hülle und nistet sich mithilfe von Enzymen in die Gebärmutterwand ein (Implantation). Die äußere Wand der Blastozyste, der **Trophoblast**, wächst mit fingerartigen Vorsprüngen, den **Chorionzotten**, in die Gebärmutterwand hinein und bildet mit ihr die Plazenta.

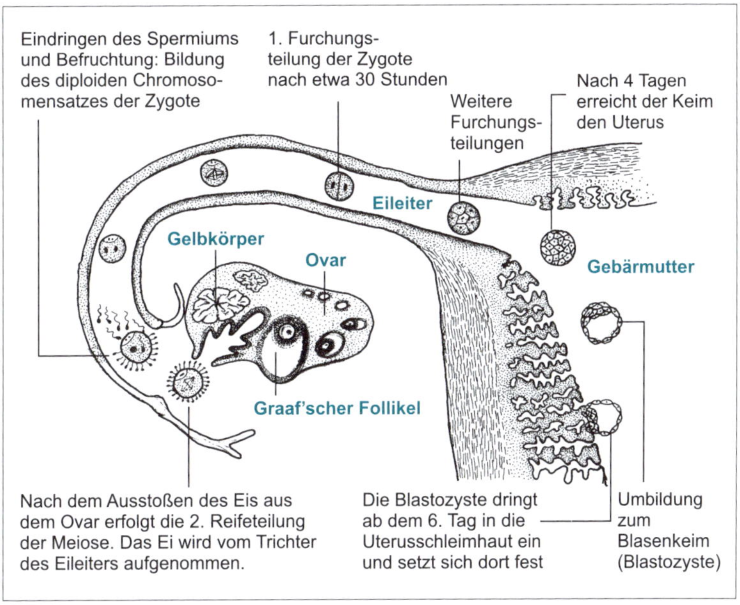

Abb. 98: Die erste Woche im Leben eines Menschen. Die Zeichnung ist nicht maßstabsgetreu, Eizelle und Keimstadien sind etwa 80fach vergrößert.

Aus dem inneren Teil des Keims, dem **Embryoblasten**, entsteht durch Gastrulation und Neurulation der Embryo. Wie bei anderen Säugern werden dabei das Amnion, der Dottersack und die Allantois aus dem embryonalen Gewebe ausgestülpt. Die Allantois legt sich innen an die Zotten und stellt dadurch über die Nabelschnur die Verbindung zwischen Embryo und Plazenta her. Etwa nach 28 Tagen ist so der embryonale Blutkreislauf durch die Nabelschnurgefäße mit der Plazenta verbunden. Auch das Herz beginnt nun zu schlagen.

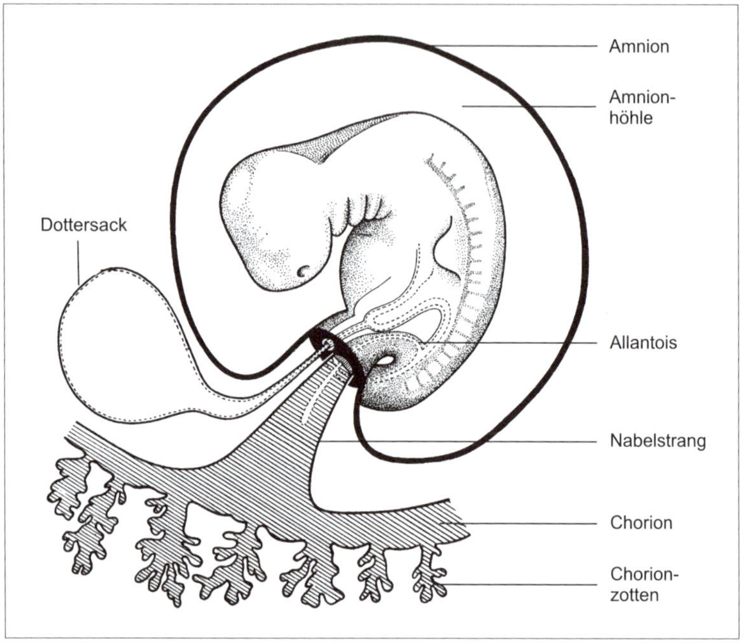

Abb. 99: Menschlicher Embryo im Alter von etwa 5 Wochen, Länge 10 mm

In der Plazenta fließt das mütterliche Blut durch größere Hohlräume (Lakunen), in die die Chorionzotten mit den embryonalen Kapillaren hineinragen, sodass hier durch Diffusion der Stoffaustausch stattfinden kann. Das kindliche Blut ist dabei durch eine Gewebeschicht vom mütterlichen Blut getrennt (Abb. 100). Diese **Plazentaschranke** verhindert die Vermischung des kindlichen Blutes mit dem der Mutter. Viele Substanzen können aber trotzdem die Schranke passieren, neben Sauerstoff, Kohlenstoffdioxid, Harnstoff und Nährstoffen wie Glucose und Aminosäuren können auch viele Medikamente und Alkohol hindurch diffundieren. Selbst Viren (Röteln, Masern) können von der Mutter auf das Kind übertragen werden.

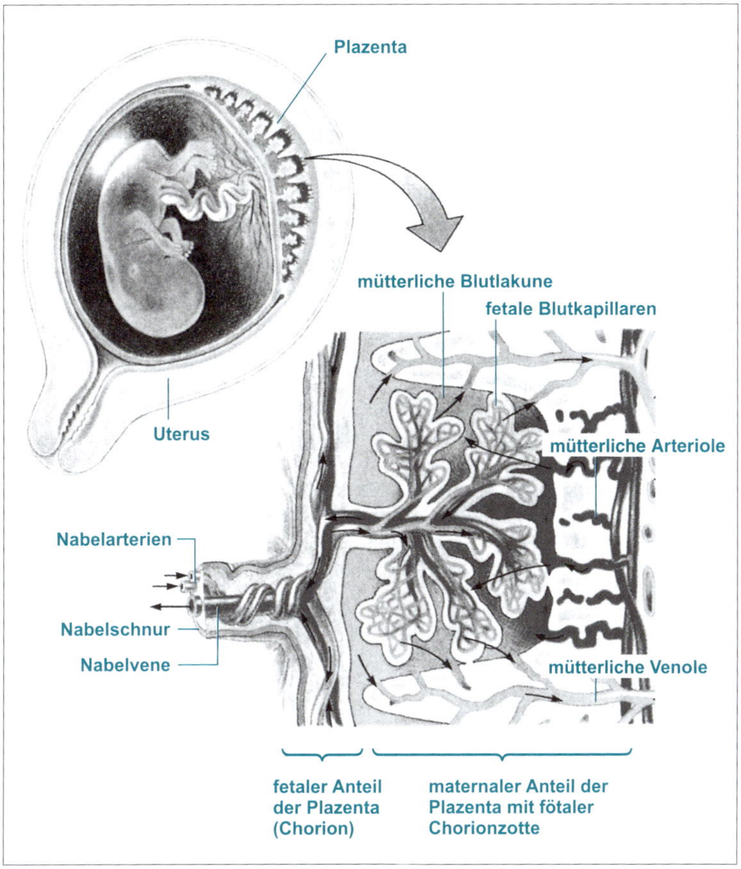

Abb. 100: Die Versorgung des menschlichen Embryos durch die Plazenta

F(o)etus (Plur. F(o)eten) oder Fötus ist die Bezeichnung für den älteren Keimling; beim Menschen etwa ab dem 3. Schwangerschaftsmonat.

Als **Lanugo** bezeichnet man die Haarbedeckung des menschlichen Fetus, die vom 4.–7. Monat auftritt.

Nach ca. 8 Wochen sind im Keimling alle Strukturen des erwachsenen Menschen angelegt, er wird ab dem Zeitpunkt als **Fetus** bezeichnet. Im 3. Monat treten Lanugohaare auf, die bis zum 7. Monat den ganzen Körper des Fetus bedecken und dann wieder abgestoßen werden. Nach 38 Wochen erfolgt die Geburt des ca. 3 bis 3,5 kg schweren und etwa 50 cm großen Kindes. Dabei lösen sich die Chorionzotten aus der Plazenta, wodurch Blutungen bei der Mutter auftreten. Für das Kind bedeutet die Geburt eine plötzliche Umstellung auf die Lungenatmung, wobei auch der Kreislauf verändert wird: Das während der Keimesentwicklung vorhandene Loch in der Herzscheidewand schließt sich, damit Körper und Lungenkreislauf getrennt werden.

Zusammenfassung – Keimesentwicklung

- Mehrzellige Organismen durchlaufen eine Keimesentwicklung, in der sich aus der **Zygote** durch Zellteilung und Zelldifferenzierung die Körpergrundgestalt und die Organe herausbilden. Bei Blütenpflanzen entsteht auf diese Weise ein Embryo im nährstoffhaltigen Samen. Das Auskeimen vollzieht sich durch embryonal bleibende Gewebszonen, die **Meristeme**, die auch an der erwachsenen Pflanze noch vorhanden sind, z. B. in den Knospen.
- Für vielzellige Tiere ist die **Gastrulation** des frühen Keims charakteristisch. Dadurch entsteht hier im Gegensatz zur Pflanze ein Innenraum, die Anlage des Magen-Darm-Trakts.
- Auf der untersten Organisationsstufe wie bei *Hydra* bleibt das Tier auf dieser einfachen Gestalt stehen, es besteht nur aus den zwei Keimblattschichten, dem **Ekto-** und dem **Entoderm**.
- Höher entwickelte Vielzeller wie die Wirbeltiere legen als drittes Keimblatt das **Mesoderm** an. Die Entwicklung gliedert sich bei ihnen folgendermaßen:

  Zygote → Furchung → Morula → Blastula → Gastrulation → Neurulation → Organbildung
- Bei vielen Tieren, wie Insekten und Amphibien, schließt sich an die Keimesentwicklung eine zweite Umbildung, die **Metamorphose**, an. Als besondere Mechanismen, die für die tierische Keimesentwicklung typisch sind, treten **Zellbewegungen** (Gastrulation, Neurulation) und Zellwanderungen auf. Dabei orientieren sich die Zellen an spezifischen Molekülen ihrer Zellmembran.
- Im Zusammenhang mit dem Übergang zum Landleben hat sich die Keimesentwicklung bei höher organisierten Wirbeltieren an die Entwicklung auf dem Land angepasst. Das **Amnion** und die **Allantois** stellen solche Anpassungsmerkmale dar.
- Während Reptilien und Vögel die Ernährung des Embryos durch dotterreiche Eier sichern, werden Säugerembryonen durch die Mutter (z. B. über die Plazenta) ernährt.
- Die **Plazentaschranke** verhindert die Vermischung des mütterlichen Bluts mit dem des Kindes, lässt aber den Stoffaustausch durch Diffusion zu.

Die Steuerung der Entwicklungsprozesse

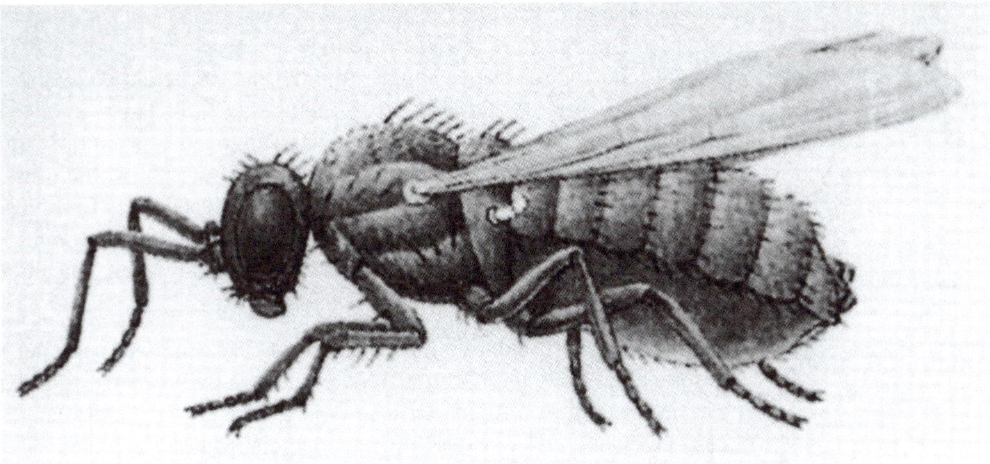

Eine Fliege mit acht Beinen – die antennapedia-Mutante von *Drosophila* geht auf die Veränderung eines einzigen homeotischen Gens zurück.

„Eine der großen Überraschungen der letzten fünf Jahre war nämlich die Entdeckung, dass gemeinsame grundlegende Mechanismen, mit ähnlichen Genen (...) im gesamten Tierreich während der frühen Embryonalentwicklung am Werk sind."

Christiane Nüsslein-Volhard, 1996

1 Problemstellung

Der Ablauf der Keimesentwicklung von der Zygote über die Blastula zur Gastrulation, von der Einfaltung des Neuralrohrs bis zur Ausbildung der Organe führt zu der Frage, wie der gesamte komplexe Prozess gesteuert wird. Dabei ist das grundlegende Problem die Entstehung einer differenzierten Körpergrundgestalt aus einer einzigen scheinbar einfachen Zelle. Im Laufe vieler Teilungen entsteht die erste Anlage der räumlichen Achsen: Kopf- und Schwanzpol werden festgelegt, entsprechend bilden sich Rücken und Bauchseite des Embryos. Entlang der Körperlängsachse entstehen Unterabschnitte wie die Segmente bei *Drosophila*, die sich wiederum in Abhängigkeit von ihrer Position unterschiedlich weiterentwickeln.

Totipotenz
→ siehe S. 86 ff.

Das Problem wird nicht einfacher durch die Tatsache der Totipotenz dieser Zellen bzw. ihrer Kerne: Jede enthält das vollständige genetische Programm – und doch wird in einem Bereich das Gehirn angelegt, in einem anderen der Magen oder ein Muskel gebildet. Wie kommt es also zu dieser Differenzierung von Zellen mit gleichem Informationsgehalt? Wodurch „weiß" eine Zelle, an welcher Stelle im Embryo sie sich befindet und was sie an dieser Stelle zu tun hat? Offensichtlich müssen an verschiedenen Stellen des Embryos unterschiedliche Gene aktiviert werden. Diese **differenzielle Genaktivität**, also die Aktivierung verschiedener Gene im zeitlichen Ablauf und in der räumlichen Verteilung der Zellen, ist die Grundlage der Entstehung der verschiedenen Zell-, Gewebe- und Organbereiche.

Unter **differenzieller Genaktivität** versteht man die nach Ort und Zeit unterschiedliche Aktivierung einzelner Gene in den Zellen, durch die die verschiedenen Gewebetypen entstehen.

Die jüngsten Forschungen haben in der Aufklärung dieser Fragen große Erfolge erzielt, sodass es jetzt möglich ist, die zugrunde liegenden Mechanismen im Prinzip zu erfassen. Vor allem stellt der jetzt erreichte Zusammenschluss der Entwicklungsphysiologie mit der Molekulargenetik einen entscheidenden Schritt zum Verständnis der Embryonalentwicklung dar.

Modellorganismen
→ siehe S. 115

Die Erforschung wurde vorwiegend an einigen ausgesuchten „Modellorganismen" durchgeführt, die sich aus verschiedenen Gründen besonders dafür eignen. Die Ergebnisse liefern also zunächst ein Mosaik aus verschiedenen Untersuchungen und Experimenten, aus denen mittlerweile ein Grundmodell der Entwicklungsabläufe erkennbar wird. Solch ein Modellorganismus ist für die Wirbellosen Tiere die Taufliege, die ja auch ein gut untersuchtes Objekt der Genetiker ist. Bei den Wirbeltieren sind schon lange die Amphibien Gegenstand intensiver Erforschung. Bei ihnen erleichtert die Eiablage ins Wasser und die dadurch leicht unter dem Mikroskop verfolgbare Entwicklung der Embryonen die experimentelle Erforschung.

Exkurs: Rekapitulation der wichtigsten molekulargenetischen Grundlagen

Um den Erklärungsansatz der Entwicklungsbiologie verstehen zu können, sind einige molekulargenetische Grundlagen erforderlich. Im Folgenden wird eine Übersicht gegeben, die nur das Wichtigste zusammenfasst.

mRNA ist die Boten-RNA; von engl. *messenger* Bote.

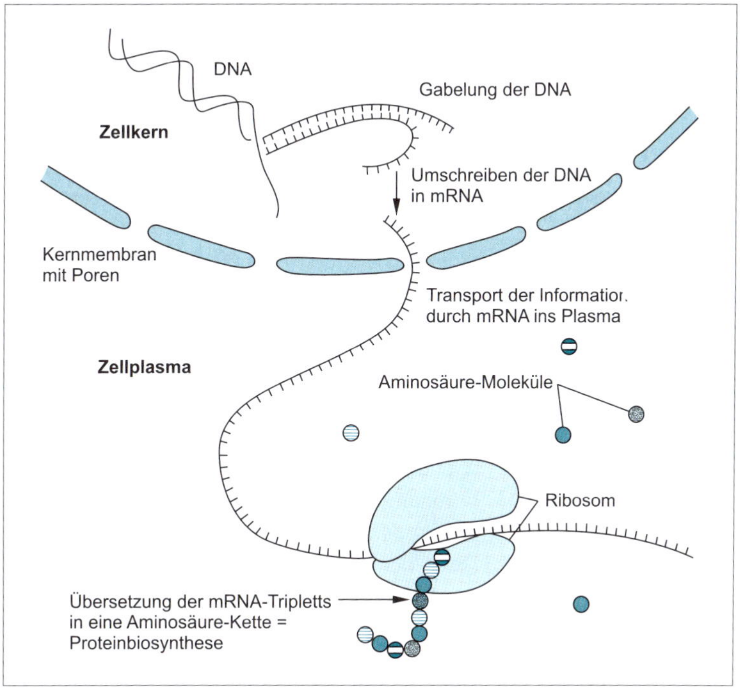

Abb. 101: Stark vereinfachtes Schema der Proteinbiosynthese in einer Zelle

Proteine → siehe S. 20 ff.

RNA → siehe S. 22

Enzyme → siehe S. 20

Die **Homeodomäne** ist die Aminosäure-Sequenz innerhalb eines Proteinmoleküls, die für die Anbindung an die DNA eines anderen Gens zuständig ist.

Der **Phänotyp** ist die Gesamtheit aller Merkmale eines Organismus, im Unterschied zum **Genotyp**, der die Gesamtheit aller Erbanlagen bezeichnet.

Mutationen sind zufällige erbliche Veränderung eines Merkmals. Sie können auf Veränderung einzelner Gene (Genmutation), Verlust oder Umordnung von Chromosomenabschnitten (Chromosomenmutation) oder Veränderung der Chromosomenzahl (Genommutation) beruhen.

Träger der Erbinformationen ist die DNA, die in der Reihenfolge der Basenpaare den Erbcode enthält. Dabei codieren drei aufeinanderfolgende Basen – ein sogenanntes Triplett – jeweils eine Aminosäure. Der DNA-Code enthält also in erster Linie die Information für die Bildung von bestimmten Aminosäure-Sequenzen und damit von Proteinen. Die Bildung der Proteine findet im Plasma außerhalb des Zellkerns statt, während die DNA im Kern bleibt. Dazwischen eingeschaltet ist ein Botenstoff, der die Information aus dem Kern ins Plasma transportiert: die mRNA. Die Realisierung der Erbeigenschaften beginnt mit der Trennung der zwei komplementären DNA-Stränge, dann wird an dem einen „codogenen" Strang die mRNA synthetisiert. Diese wandert durch die Kernporen ins Plasma, wo an den Ribosomen die mRNA-Basensequenz in die Aminosäuresequenz übersetzt wird.

Die so gebildeten Proteine haben vielfältige Aufgaben. Insbesondere können sie als Enzyme die Stoffwechselprozesse der Zellen steuern und stehen damit an zentraler Stelle für alle weiteren Vorgänge des Auf- und Abbaus organischer Substanzen. Für das Verständnis der Entwicklungsvorgänge ist aber noch eine weitere Funktion der Proteine von Bedeutung. Manche Proteine können sich an bestimmte DNA-Abschnitte im Kern anbinden und damit weitere Gene aktivieren, die ihrerseits dann wieder andere Proteine als ihre Genprodukte erzeugen. Solche Proteine haben einen besonderen Molekülteil, die Homeodomäne, die der Erkennung der entsprechenden Gene dient. Diese wird von einer Sequenz aus 60–70 Aminosäuren gebildet.

Damit zeigt sich, dass es verschiedene Klassen von Genen gibt: solche, deren Genprodukt direkt als Strukturprotein oder Enzym Teil des Phänotyps werden, und andere, die über ihr Genprodukt nur die Aktivität weiterer Gene steuern. Man muss also von einer **Hierarchie der Gene** ausgehen. Es gibt übergeordnete Schaltgene, deren Aktivität sich auf nachrangige Gene auswirkt. Gefunden wurden solche Gene durch Mutationen, die erhebliche Veränderungen bewirken, obwohl nur ein Gen mutiert ist: z. B. die Antennapedia-Mutante bei *Drosophila*, bei der anstelle der Fühler (Antennen) am Kopf zwei komplette Beine gebildet werden (Abb. 102). Da für die Ausbildung eines ganzen Beins viele Gene zuständig sind, muss diese eine Mutation ein Gen getroffen haben, das sozusagen den Hauptschalter für die ganze Gengruppe darstellt. Im Falle von antennapedia ist der Hauptschalter offensichtlich am falschen Ort aktiv geworden.

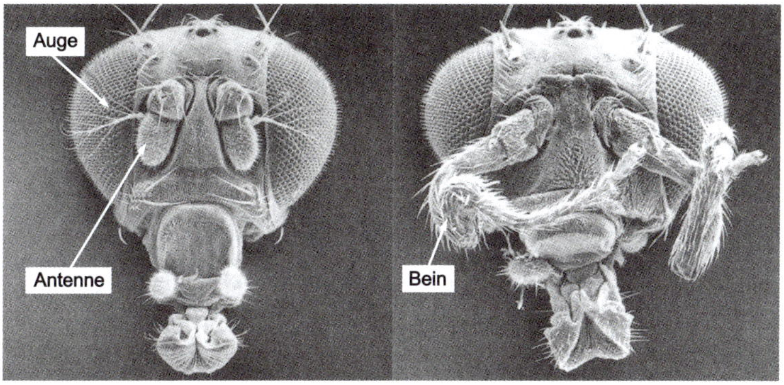

REM → siehe S. 9

Abb. 102: Die antennapedia-Mutante von *Drosophila* (REM-Aufnahmen): Normalform (links), antennapedia-Mutante (rechts)

Das Schema (Abb. 103) zeigt die geschilderte Funktion übergeordneter Gene. In diesem Prozess ist die **Lösung des Problems der zeitlichen und räumlichen Differenzierung** verschlüsselt. Zeitlich: Bestimmte Gene können erst aktiv werden, wenn andere vorher ihre Genprodukte erzeugt haben. Räumlich: Die Ausbreitung des Proteins A erfolgt vom Ort seiner Bildung durch Diffusion, sodass ein Konzentrationsgefälle (ein Gradient) entsteht. Mit zunehmender Entfernung vom Entstehungsort nimmt seine Konzentration ab. Wenn die Aktivierung von Gen B konzentrationsabhängig ist, kann durch den Gradienten der Ort der Genaktivierung festgelegt werden.

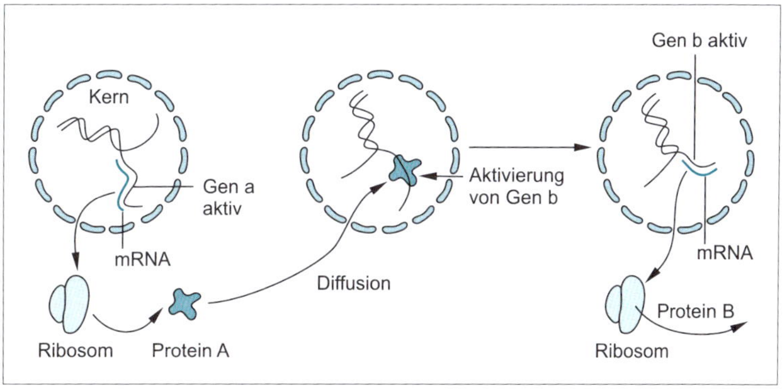

Abb. 103: Schema zur Genhierarchie. Das Gen b wird durch das vorher von dem übergeordneten Gen a erzeugte Genprodukt A aktiviert

2 Die Erforschung der entwicklungssteuernden Prozesse bei wirbellosen Tieren

2.1 Die differenzielle Genaktivität bei der Insektenmetamorphose

Metamorphose der Amphibien → siehe S. 115

Ähnlich wie die Amphibien durchlaufen auch die Insekten in ihrer Entwicklung eine Metamorphose. Bei ihnen sind die steuernden Prozesse besonders gut untersucht, sie werden daher hier als Modell vorgestellt.

Der **Prothorax** ist das vorderste Segment des Brustabschnitts (Thorax) bei Insekten.

Hormone sind chemische Signalstoffe in mehrzelligen Organismen.

Die **Puppe** ist das Entwicklungsstadium bei der Insektenmetamorphose, in dem die Umwandlung von der Larve in das geschlechtsreife Tier erfolgt.

Die Insektenmetamorphose (Abb. 104) ist in den Jahreszeitenwechsel eingepasst und wird daher oft durch äußere Faktoren, insbesondere die Tageslänge und die Temperatur ausgelöst. Abbildung 105 zeigt die Umsetzung dieser äußeren Reize in Zellsignale. Im Gehirn der Larve wird das prothorakotrope Hormon ausgeschüttet, das wiederum die Prothoraxdrüse zur Produktion des Hormons Ecdyson anregt. Das Ecdyson stimuliert dann z. B. bei Schmetterlingen und Fliegen den Übergang der Larven in das Puppenstadium. Auch während der Umgestaltungen in der Puppe ist das Ecdyson aktiv beteiligt. Es löst damit das während des Larvenwachstums vorherrschende Juvenilhormon ab.

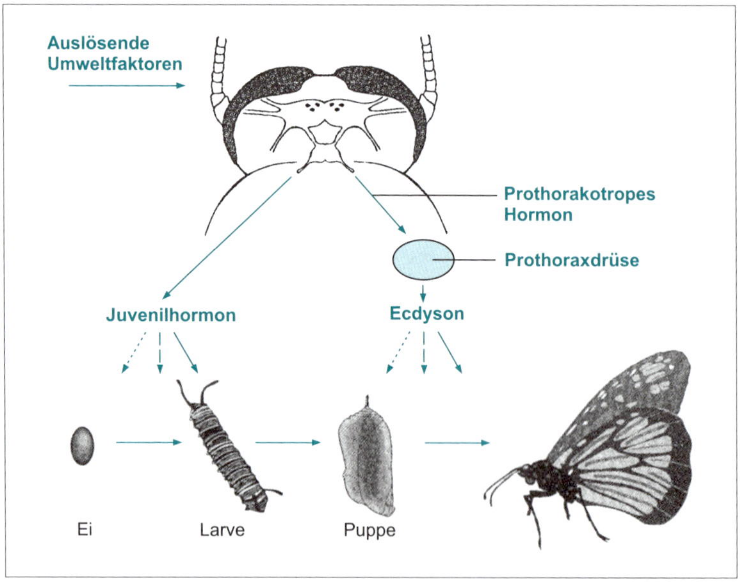

Abb. 104: Einfluss von Außenreizen und Hormonwirkungen auf die Insektenmetamorphose.

Als **Domäne** wird eine besondere Teilstruktur eines Proteins bezeichnet, die unabhängig von anderen Bereichen des Moleküls eine eigene Tertiärstruktur besitzt. Größere Proteinmoleküle können mehrere solche Domänen ausbilden.

Ecdyson wird von der Prothoraxdrüse ins Blut abgegeben. Von dort gelangt es in die Zellen, in denen es sich an Proteine bindet, die eine spezifische DNA-Bindungsdomäne besitzen. Dadurch kann das Protein in den Kern eindringen und durch Anbindung an die DNA spezifische Gene aktivieren. Damit werden dann nur die Zellen aktiviert, die das entsprechende Protein besitzen. Der gesamte Ablauf folgt also dem Schema:
Außenreiz → Nervensignale → Hormonfreisetzung → Hormon-Protein-Komplex in den Zellen in Abhängigkeit von der Position des Gewebes → Genaktivierung.

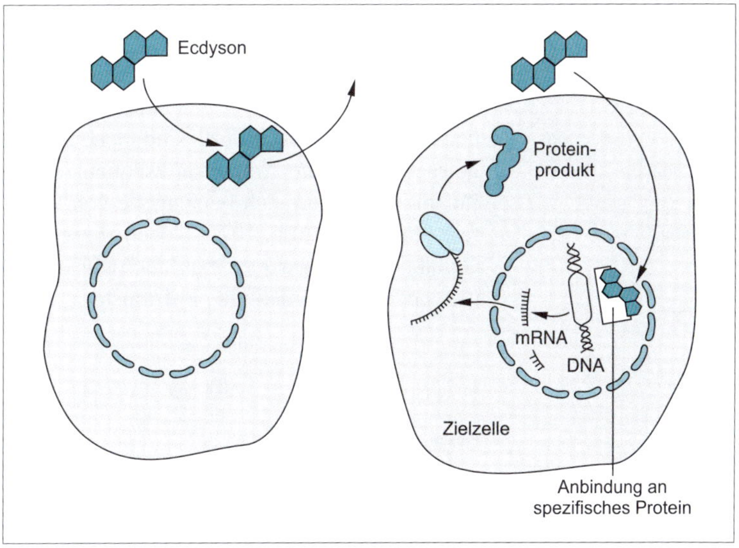

Abb. 105: Modell zur Erklärung der spezifischen Wirkung des Ecdysons. Nur solche Zellen werden durch das Hormon zu weiterer Genaktivität angeregt, die ein Protein bilden, das sich mit dem Hormon verbindet (Zielzelle).

Zellzyklus → siehe S. 66 ff.

Die differenzielle Genaktivierung im Laufe der Metamorphose lässt sich sogar im Lichtmikroskop erkennen. Bei Fliegen, Mücken und Schnaken haben die Larven sogenannte **Riesenchromosomen** in ihren Speicheldrüsen. Riesenchromosomen entsprechen in ihrem Gengehalt einfachen Chromosomen, enthalten aber eine Vielzahl von gleichen Chromatiden nebeneinander. Sie entstehen durch die DNA-Kopierung in der S-Phase des Zellzyklus, ohne dass eine vollständige Kernteilung erfolgt (sogenannte Endomitose). Durch mehrere solche Vorgänge wird jedes Chromosom vervielfacht und liegt dann als dickes, mikroskopisch sichtbares Band im Zellkern vor.

Puffs sind aufgequollene Abschnitte in Riesenchromosomen, in denen die DNA aktiviert ist und ein Genprodukt erzeugt wird; von engl. *puff* aufblähen.

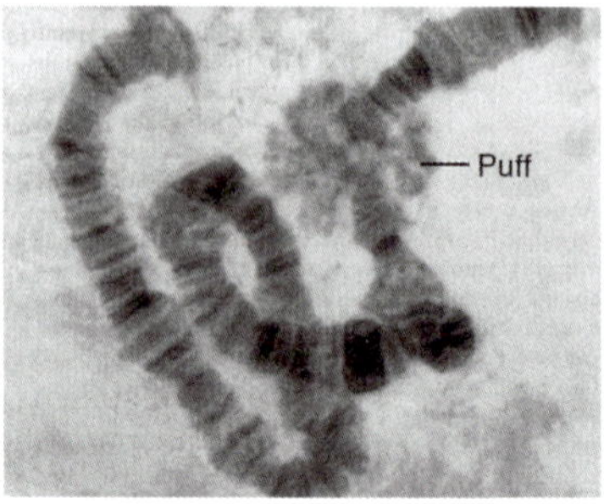

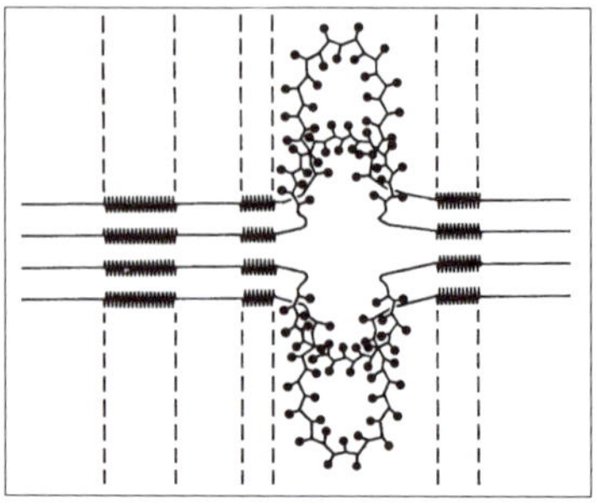

Abb. 106: Riesenchromosom aus der Speicheldrüse einer Insektenlarve. Rechts schematische Darstellung einer gepufften Region: die DNA ist in Schleifen nach außen aufgebläht, an ihr entstehen mRNA-Moleküle.

Während der Larvalentwicklung und der Metamorphose lassen sich aufgeblähte Regionen, sogenannte **Puffs**, an den Riesenchromosomen beobachten. In diesen Puffs sind Gene aktiv, ihre Information wird abgelesen und in die Aminosäuresequenz eines Proteins übertragen. Das Puffmuster ändert sich bei Zugabe von Ecdyson zu einer Fliegenlarve fast stündlich (Abb. 107). Neben dieser zeitlichen Veränderung der Genaktivität beobachtet man auch zur gleichen Zeit in verschiedenen Geweben unterschiedliche Puffmuster.

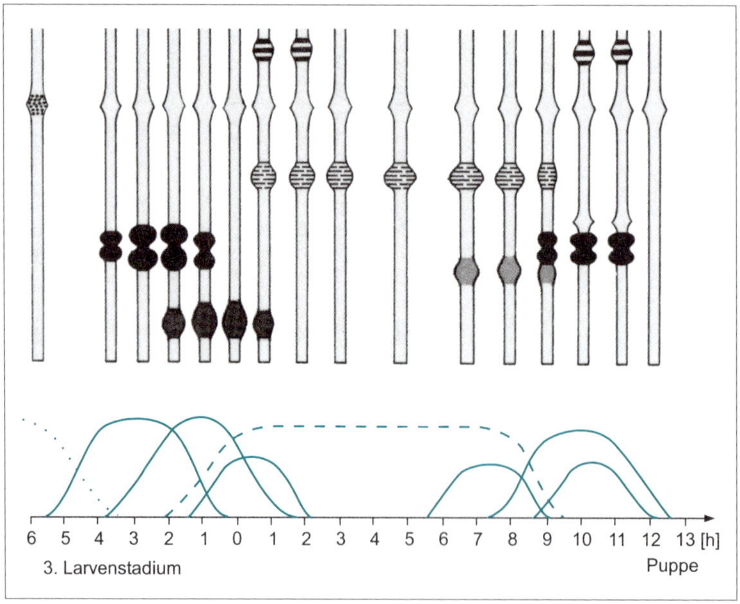

Abb. 107: Das Auftreten verschiedener Puffmuster am 3. Chromosom von *Drosophila* während des Übergangs vom Larven- zum Puppenzustand. Das Diagramm gibt die Dauer und Stärke der Genaktivität einzelner gepuffter Regionen wieder.

Während des Puppenstadiums der Metamorphose werden die Organe des erwachsenen Insekts ausgebildet. Sie entstehen aus embryonalen und damit undifferenzierten Zellgruppen, die in der Larve erhalten geblieben sind. Die meisten larvalen Organe werden bei dieser Umwandlung abgebaut und phagozytiert, das Vollinsekt (die Imago) wird aus den embryonalen Zellgruppen neu aufgebaut. Man bezeichnet daher diese Zellgruppen als **Imaginalscheiben**.

Phagozytose
→ siehe S. 56

Die **Imago** ist das bei der letzten Häutung entstehende geschlechtsreife Vollinsekt; lat. *imago* Bild, Erscheinung.

Bei der Metamorphose der Amphibien zeigen sich viele Parallelen, obwohl diese Entwicklung unabhängig von der der Insekten entstanden ist. Das die Metamorphose auslösende Hormon ist bei Fröschen und Molchen das Thyroxin (Schilddrüsenhormon), das ebenfalls in die Zellen eindringt und an ein Protein gekoppelt die Genaktivierung hervorruft.

2.2 *Hydra:* Die Bedeutung stofflicher Gradienten

Hydra → siehe S. 74

Der Süßwasserpolyp (*Hydra vulgaris*, Abb. 108) gehört als Hohltier wie die Quallen und Polypen zu den einfachsten und stammesgeschichtlich ältesten Vielzellern. Das Tier kann lebenslang alle gealterten Zellen durch Teilung der embryonal gebliebenen Stammzellen erneuern. Es ist damit eigentlich fortwährend in einem Embryonalzustand, der die große Regenerationsfähigkeit des Tiers erklärt. Es kann nicht nur verlorene Körperteile regenerieren, auch vollständig in ihre Einzelzellen zerlegte Hydren bilden wieder ein neues, lebensfähiges Tier. Die Zellen wandern wie Amöben zusammen und sortieren sich nach der Kontaktaufnahme von selbst zum geordneten Zustand des Polypen.

Regeneration ist die Fähigkeit eines ausgewachsenen Organismus, fehlende Körperteile zu ersetzen.

Kontaktaufnahme
→ siehe *contact guidance*, S. 120

Wenn man eine *Hydra* in der Mitte quer durchschneidet, bilden sich beide Teilstücke zu kompletten Tieren um: Das Kopfstück regeneriert einen Fuß, umgekehrt wächst am oberen Ende des Fußstücks ein neuer Tentakelkranz. Die regenerierenden Bereiche müssen also Informationen über ihre Position enthalten, um das jeweils fehlende Stück an der richtigen Stelle zu ergänzen. Man kann das Tier sogar in mehrere Scheiben zerschneiden; jede einzelne Scheibe bildet dann an der dem ursprünglichen Kopf zugewandten Seite wieder einen Kopf, auf der entgegengesetzten Seite den Fuß (Abb. 108). Die Regeneration dauert allerdings bei den weiter vom Kopf entfernten Teilen länger.

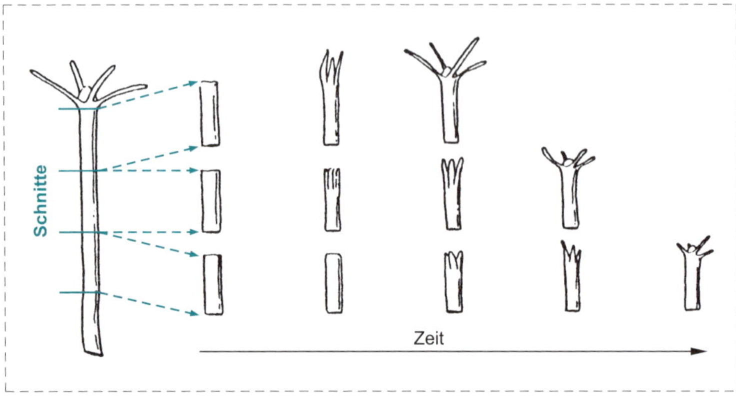

Abb. 108: Regeneration von Einzelabschnitten einer *Hydra*. Jedes Stück besitzt eine innere Polarität, durch die immer nur am oberen Ende der Tentakelkranz gebildet wird. Je weiter das abgeschnittene Stück vom Kopfende entfernt ist, um so länger dauert die Regeneration.

Diese Ergebnisse lassen sich mit einem einfachen Modell erklären. Vom Kopf wird ständig ein Hemmstoff erzeugt, der die Bildung neuer Köpfe unterdrückt. Dieser Hemmstoff diffundiert fußwärts und wird hier abgebaut. Dadurch bildet sich ein Konzentrationsgefälle oder Gradient dieses Hemmstoffes. Der zweite Faktor des Modells ist die von der Lage abhängige Reaktionsfähigkeit der Zellen auf diesen Hemmstoff. In Fußnähe genügt eine geringe Menge für die Hemmung, kopfwärts nimmt die benötigte Hemmstoffkonzentration zu.

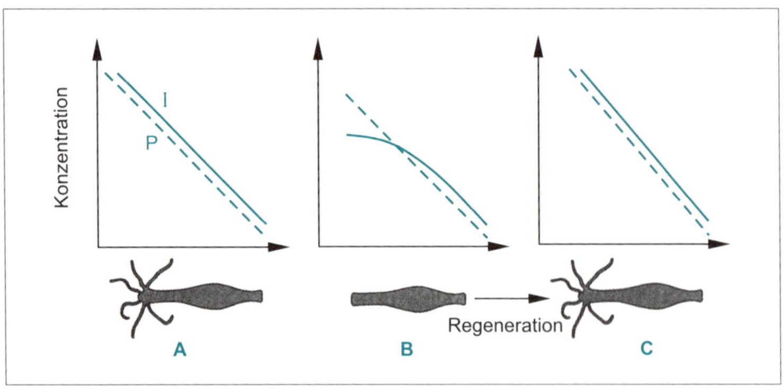

Abb. 109: Erklärung der Polarität bei *Hydra* durch ein Gradientenmodell. Die X-Achse gibt die Lage im Körper des Süßwasserpolypen an, auf der Y-Achse ist die Konzentration angegeben. I Hemmstoff (Inhibitor), P lageabhängige Reaktionsfähigkeit der Zellen (Positionseffekt). (A) normaler Zustand; (B) Abfall der Hemmstoffkonzentration nach Entfernung des Kopfes, die Regenerationsfähigkeit wird dadurch freigesetzt; (C) Zustand nach erfolgter Regeneration.

Das Modell erklärt erstens die Tatsache, dass *Hydra* nicht ständig an beliebiger Stelle Köpfe bildet, obwohl sie die Potenz dazu besitzt, und zweitens, dass in jedem Teilstück durch den Gradienten die Körperpolarität enthalten ist, wodurch der regenerierte Teil an der richtigen Stelle angelegt wird. Abbildung 109 zeigt, wie nach dem Abschneiden des Kopfes die Produktion des Hemmstoffs aufhört und zunächst die hohe Konzentration am oberen Ende des Tieres abfällt. Sobald sie unter den für die dort liegenden Zellen nötigen Wert gefallen ist, wird hier ein neuer Kopf angelegt, der dann wieder Hemmstoff bildet und den Normalzustand wiederherstellt.
Es wurden mehrere ähnliche Modelle entwickelt, die letztlich alle von Gradienten von Morphogenen oder Hemmstoffen ausgehen. Keines dieser Modelle ist aber bisher auf molekularer Basis für *Hydra* eindeutig belegt.

Morphogene (griech. *morphe* Gestalt) sind Substanzen, die an der Muster- und Gestaltbildung von Embryonen beteiligt sind.

2.3 *Drosophila:* Modellbeispiel der Erklärung entwicklungsgeschichtlicher Prozesse mithilfe der Molekulargenetik

Drosophila ist derzeit das in Bezug auf seine Genetik und auch seine Entwicklungsbiologie am besten erforschte Tier. Am Beispiel der Taufliege können die grundlegenden Prozesse der Gestaltbildung (Morphogenese) mittlerweile detailliert auf molekularer Ebene beschrieben werden.

Morphogenese ist eine allgemeine Bezeichnung für den Prozess der Gestaltbildung im Embryo.

Im Folgenden werden nur die prinzipiellen Vorgänge dargestellt, die verdeutlichen, wie die genetischen Informationen schrittweise in die räumlich differenzierte Gestalt umgesetzt werden.
Die **Embryonalentwicklung** von *Drosophila* dauert nur etwa einen Tag. Das Ei wird in den Ovariolen gebildet, wobei sich die Urkeimzelle viermal teilt und so neben der Eizelle noch 15 mit ihr verbundene Nährzellen bildet. Diese Nährzellen liegen alle an einer Seite der Eizelle (Abb. 110).

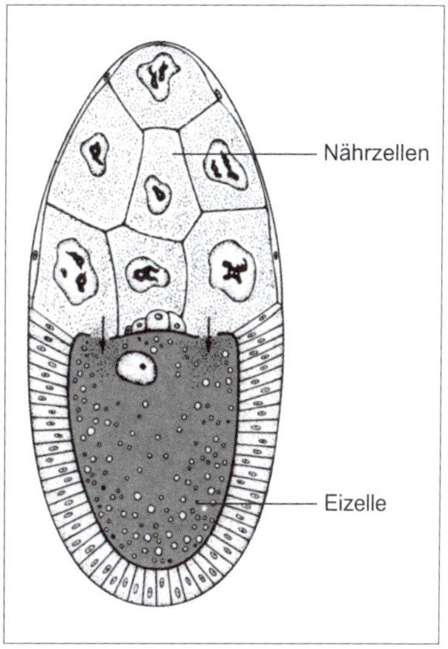

Abb. 110: Ei von *Drosophila*

Blastoderm: griech. *blastos* Keim, *derma* Haut; die einschichtige Wand der Blastula.

Nach der Besamung des Eis durch ein Spermium aus dem Samenspeicher des Weibchens wird das Ei abgelegt und beginnt sofort mit der Embryonalentwicklung. Dabei teilen sich zunächst die Kerne allein, ohne die Zellteilung abzuschließen. Die Kerne wandern zur Eirinde und bilden erst hier das Blastoderm, an dem anschließend von der Bauchseite her die Gastrulation erfolgt.

Neben der weiteren Differenzierung der Keimblätter findet als wichtiger Entwicklungsschritt jetzt die Gliederung des Keimlings in **Segmente** statt, die nicht nur als äußere, durch Einschnitte gegliederte Ringe erkennbar sind, sondern jeweils auch einen unterschiedlichen Bau aufweisen. Insgesamt sind es 7 verschmolzene Kopfsegmente mit Gehirn, Augen, Mundwerkzeugen, 3 Brustsegmente mit den 3 Beinpaaren und 8 Hinterleibssegmente.

Die Realisierung der Fliegengestalt kann in folgende Schritte gegliedert werden:

- Ausbildung der Körperachsen vorne – hinten, unten – oben, rechts – links
- Segmentierung des Körpers entlang der Längsachse
- Differenzierung und Organbildung der einzelnen Segmente.

Diese 3 Prozesse sollen an jeweils einem Beispiel vorgestellt werden.

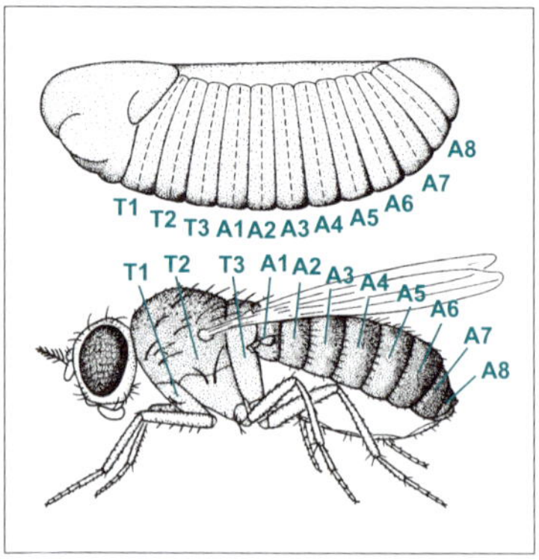

Abb. 111: Die Segmentierung des *Drosophila*-Keimlings im Vergleich mit der adulten Fliege:
T Brustsegmente (Thorax), A Hinterleibssegmente (Abdomen). Die Kopfsegmente sind miteinander verschmolzen und daher nicht äußerlich erkennbar.

Körperlängsachse

bicoid: Zur Erleichterung des Verständnisses werden hier Entwicklungsgene klein, ihre jeweiligen Genprodukte (Proteine) mit gleichem Namen, aber großem Anfangsbuchstaben geschrieben.

Dadurch, dass die Nährzellen einseitig am Ei liegen, befindet sich das Ei bereits in einer polaren Ausrichtung. In der ersten Entwicklungsphase produzieren die Nährzellen (also mütterliche Zellen!) über das bicoid-Gen das Bicoid-Protein, das in die Eizelle einwandert. Es entsteht dadurch in der Eizelle ein Bicoid-Gradient (Abb. 112). Mit diesem Gradienten ist die Körperlängsachse festgelegt, auf der Seite der hohen Konzentration liegt der Kopfpol. Eine Mutation des bicoid-Gens bewirkt, dass der Larve Kopf- und Brustsegmente fehlen. Andererseits induziert eine künstlich erhöhte Bicoid-Konzentration am Hinterleib des Embryos hier einen zweiten Kopf mit Brustsegmenten.

Segmentierung

Das Bicoid-Protein aktiviert Gene in den Kernen des Blastoderms, und zwar in Abhängigkeit von seiner Konzentration. Ein Beispiel dafür bietet das hunchback-Gen. Es wird nur bei einer bestimmten Bicoid-Konzentration aktiv und bildet in der entsprechenden vorderen Zone des Keims sein Genprodukt (mRNA bzw. Hunchback-Protein). Auch das Hunchback-Protein wirkt wieder als Schalter für nachgeordnete Gene und aktiviert in einer bestimmten Konzentrationszone z. B. das Gen „Krüppel". Die auf diese Weise angeschalteten Gene führen zur Segmentierung, man bezeichnet sie daher als Segmentierungsgene (Abb. 112). Auch hier lässt sich die Genfunktion über Ausfallmutanten ermitteln: Fällt z. B. das Gen „Krüppel" aus, dann fehlen der Larve einige Segmente in der Körpermitte.

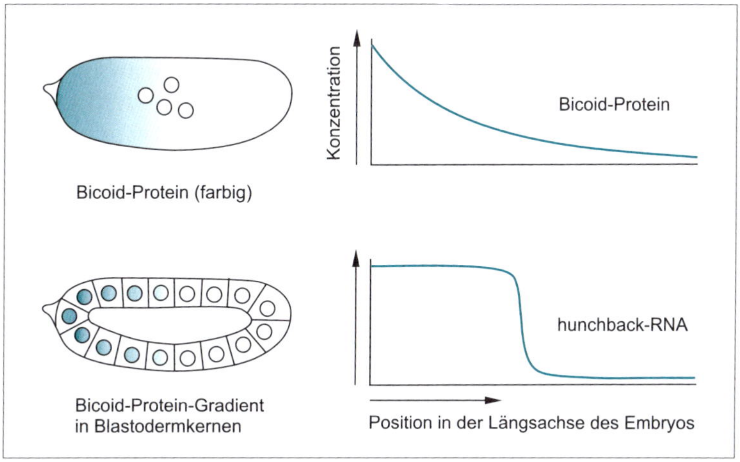

Abb. 112: Festlegung der Körperlängsachse im frühen Keimling von *Drosophila*. Das von den Nährzellen einwandernde Bicoid-Protein bildet einen Gradienten. Im Bereich der höheren Bicoid-Konzentration wird daraufhin das hunchback-Gen aktiviert, erkennbar an der Produktion von hunchback-RNA.

Organbildung

homeotische Mutation
→ siehe antennapedia-Mutante, Abb. 102, S. 130 f.

Der dritte Schritt führt zur speziellen Ausbildung der einzelnen Segmente. Die dafür verantwortlichen Gene bezeichnet man als homeotische Gene, sie werden wiederum durch die Produkte der Segmentierungsgene aktiviert. Die Wirkung solcher **homeotischen Gene** wurde bereits 1915 entdeckt, als man Taufliegen mit verdoppelten Segmenten fand. Bei diesen Mutationen sind also gleich die Eigenschaften eines ganzen Segments betroffen.

Unter **homeotischen Genen** versteht man übergeordnete Gene, die die Entwicklung in den einzelnen Körperabschnitten steuern.

Phänotyp → siehe S. 130

Die **Homeobox** ist der Abschnitt eines entwicklungssteuernden Gens, der die Homeodomäne des Genprodukts codiert.

Homeodomäne → siehe S. 130

Die homeotischen Gene liegen auf dem Chromosom in derselben Reihenfolge wie ihre phänotypische Auswirkung in der Körperlängsachse erscheint (Abb. 111, 116). Interessanterweise findet sich diese Anordnung auch bei Wirbeltieren und sogar bei einfachen Vielzellern wie den Hohltieren. Die homeotischen Gene gehören zu der **Homeobox-Genfamilie**, die für die Entwicklungssteuerung zuständig ist. Diesen Genen ist eine etwa 180 Basenpaare umfassende „Homeobox" gemeinsam, die die etwa 60 Aminosäuren lange Homeodomäne ihres Proteinprodukts codiert. Auch bicoid und die Segmentierungsgene gehören zu dieser Familie.

Exkurs: Zur Methodik der Entwicklungsgenetik

Das klassische Verfahren zur Analyse der Genwirkungen bei Entwicklungsprozessen beruht auf dem Auffinden von Mutanten. Ein durch Mutation verändertes Gen kann zum Ausfall eines Entwicklungsschrittes führen, sodass man diesen Entwicklungsschritt dem normalen Gen zuordnen kann. Dieser Grundgedanke kann dank der modernen gentechnischen Möglichkeiten aber sehr viel zeitsparender und gezielter verfolgt werden. Dabei werden Mutanten direkt erzeugt. Einzelne Genfragmente (DNA-Abschnitte) werden isoliert, im Reagenzglas künstlich verändert und wieder in das Erbgut der Fliege eingebracht. Auf diese Weise lassen sich gezielt einzelne Gene ausschalten (**„Knockout-Gene"**), ein Verfahren, das als „reverse Genetik" bezeichnet wird. Dadurch kann die Funktion jedes beliebigen DNA-Abschnitts direkt am Phänotyp der Nachkommen abgelesen werden.

Ein **Knockout-Gen** ist ein künstlich inaktiviertes und einem Organismus wieder eingepflanztes Gen.

3 Die Entwicklungssteuerung bei Wirbeltieren

Zu den Wirbeltieren gehören die Fische, Amphibien, Reptilien, Vögel und Säugetiere. Trotz ihrer vielfältigen äußeren Unterschiede zeigen sie weitgehende Übereinstimmungen in ihrem Grundbauplan. Der **Körperbau** wird in seiner Längsachse von der Wirbelsäule und dem von ihr umhüllten Rückenmark bestimmt, am Kopfpol befindet sich das vom Schädel eingeschlossene Gehirn. Ähnlich wie bei der Segmentierung von Insekten wird auch bei Wirbeltieren eine Abfolge sich wiederholender Abschnitte an der Wirbelsäule, den Rippen und an der Rumpfmuskulatur (z. B. Bauchmuskeln) erkennbar. Alle Landwirbeltiere sind vierbeinig, und zumindest bei einigen Fischgruppen zeigt sich in der Betonung entsprechender Flossenpaare ebenfalls dieses Grundmuster (z. B. Quastenflosser, Lungenfische). Demgemäß finden sich auch in der Keimesentwicklung der Wirbeltiere vielfach Übereinstimmungen; insbesondere ähneln sich die frühen Entwicklungsstadien auffallend.

Biogenetische Grundregel
→ siehe S. 107

Auch innerhalb der Wirbeltiere hat man sich auf einige Modellorganismen konzentriert, die besonders gut erforscht sind: Neben dem Krallenfrosch sind es vor allem das Huhn und die Maus. Stellvertretend für die Fische gewinnt der Zebrafisch immer stärkere Bedeutung in der Entwicklungsbiologie.

3.1 Die klassischen Versuche am Amphibienkeim: Determination und Induktion

Hans SPEMANN
→ siehe S. 107

Hilde MANGOLD (1898–1924) untersuchte als Doktorandin von H. Spemann den Organisatoreffekt.

In der ersten Hälfte des 20. Jahrhundert gingen Hans SPEMANN und seine Mitarbeiterin Hilde MANGOLD experimentell der Frage nach, wann und wodurch die Zellen des Embryos ihre endgültigen Eigenschaften in Form und Funktion erhalten. Während die Zygote noch totipotent ist, sind die späteren Zellen gewöhnlich spezialisiert und können – trotz des vollständigen Gengehalts in ihren Kernen – nicht mehr durch Teilung jede beliebige Zellform hervorbringen. Im Laufe der Keimesentwicklung muss also irgendwann der Schritt erfolgen, der das weitere Schicksal einer Zelle festlegt.

Determination ist die zunehmende Festlegung der Entwicklungsmöglichkeiten von Zellen /Geweben in der Embryonalentwicklung; lat. *determinare* bestimmmen.

Man bezeichnet die Einengung der Zelle auf ihre zukünftige Form und Funktion als **Determination**.

SPEMANN und MANGOLD haben durch viele Experimente, bei denen sie z. B. mit mikrochirurgischen Maßnahmen Gewebestücke des Keimlings an andere Stellen verpflanzten, die **Determination** der Zellen am Amphibienkeim erforscht. Werden junge Keime ab dem Zweizellstadium mit einer feinen Haarschlinge durchgeschnürt, dann entwickeln sich beide Teile jeweils zu einem vollständigen Tier. Im ursprünglichen Zustand hätte jeder Teil nur die eine Keimhälfte erzeugt. Dieses Experiment gelingt nur bis zur frühen Gastrula. Ebenso entwickeln sich beide Teile nur dann vollständig, wenn sie jeweils etwa die Hälfte des grauen Halbmonds mitbekommen. Bis zu diesem Keimlingsalter sind die Zellen also noch nicht auf ihr zukünftiges Schicksal festgelegt. Auf natürliche Weise entstehen durch Zerfall früher Entwicklungsstadien eineiige Zwillinge oder Mehrlinge. Bleiben beide Teile noch stellenweise miteinander verbunden, resultieren siamesische Zwillinge.

Mehrlinge → siehe Mehrlingsbildung beim Gürteltier S. 85

Siamesische **Zwillinge** sind eineiige Zwillinge, die aufgrund unvollständiger Trennung der Furchungszellen mehr oder weniger miteinander verwachsen sind. Die Bezeichnung bezieht sich auf die Brüder Chang und Eng aus Siam (heutiges Thailand).

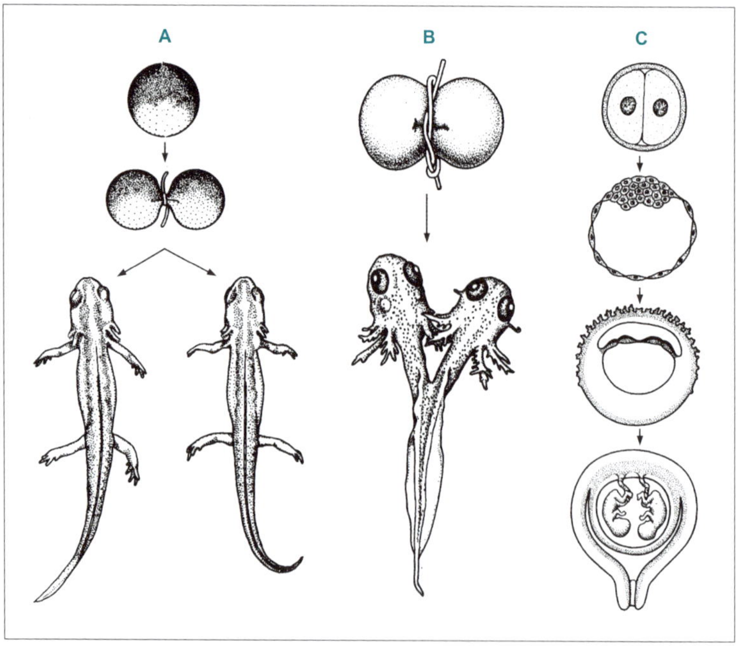

Abb. 113: Schnürungsversuch beim Molchei. Vollständige Durchtrennung einer späten Blastula führt zur Bildung zweier voll entwickelter Tiere (A), während eine nur teilweise Trennung zu verwachsenen Doppelbildungen führt (B). (C) zeigt die Entstehung eineiiger Zwillinge durch natürliche Trennung eines frühen menschlichen Keims.

Eine Entwicklung, bei der die Keime auf diese Weise den Verlust eines Teils ausgleichen können, nennt man **Regulationsentwicklung**. Bei einigen Tiergruppen sind die Zellen bereits bei der Furchung determiniert (**Mosaikkeime**, z. B. Manteltiere). Beide Formen unterscheiden sich also im Zeitpunkt der Determination.

Bei den Transplantationsexperimenten wird ein Stück von einem Spenderkeim an eine andere Stelle in einen Empfängerkeim übertragen. Die Frage dabei ist: Verhält es sich herkunfts- oder ortsgemäß? Hat es bereits seine Determination vor der Übertragung erhalten oder wird es von dem neuen Gewebe „umgestimmt"? Die Ergebnisse zeigen, dass Spendergewebe vor der Gastrulation sich in den Bauplan des Empfängers einfügt, es entwickelt sich ortsgemäß und ist noch nicht determiniert. Die Determination erfolgt während der Gastrulation, denn mit transplantiertem Neurula-Gewebe erhält man herkunftsgemäße Ergebnisse.

Diese Versuche zeigen auch, dass die Zellen des Embryos mit fortschreitender Entwicklung immer stärker in ihrer Differenzierungsfähigkeit eingeschränkt werden. Die allerersten Zellen haben – zumindest bei Regulationseiern – noch die volle Totipotenz. Im Laufe der Entwicklung werden die verschiedenen Gewebsbereiche durch die Determination immer mehr auf die Bildung der Organe festgelegt, die ihrer Lage entsprechen, sie verlieren ihre Totipotenz und können sich nach einer Transplantation nicht mehr auf die Entwicklungsbedingungen am neuen Ort umstellen. In manchen Lehrbüchern findet man noch die Bezeichnungen „prospektive Potenz" für die Entwicklungs**möglichkeiten** und „prospektive Bedeutung" für das lagebedingte normale Entwicklungs**ziel** embryonaler Bereiche. Die zunehmende Determination schränkt also die „prospektive Potenz" von Zellen immer mehr auf ihre „prospektive Bedeutung" ein.

prospektiv: lat. vorausschauend; hier: die Weiterentwicklung betreffend.

SPEMANN und MANGOLD haben bei diesen Experimenten noch eine fundamentale Entdeckung gemacht. Manche Transplantate wirken auf das Wirtsgewebe und veranlassen es zu bestimmten Bildungen. So ruft ein Gewebestück aus der oberen Urmundlippe beim Empfängerkeim die Ausbildung eines zweiten Embryos hervor.
Abbildung 114 zeigt die Verpflanzung des Transplantats auf die Bauchseite des Empfängers, wo der sekundäre Embryo durch eine zusätzliche Neurulation angelegt wird. Man bezeichnet eine solche Beeinflussung als **Induktion**.

Induktion: lat. *inducere* hineinführen

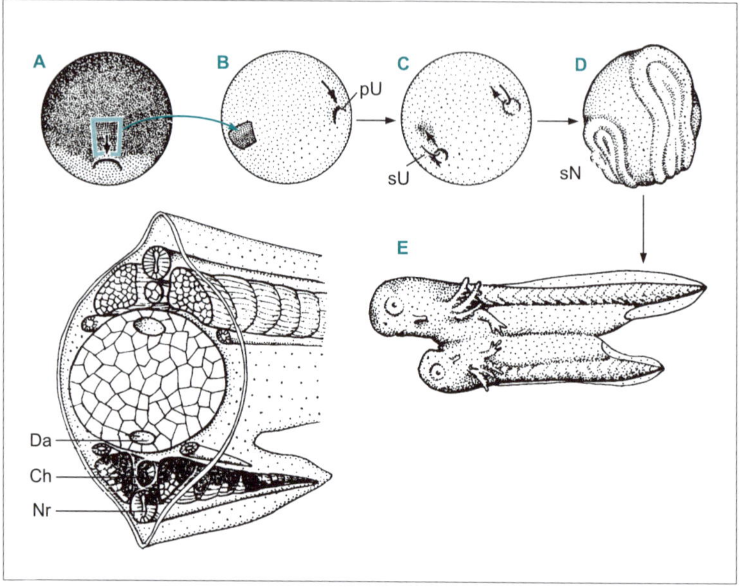

Abb. 114: Das Organisator-Experiment nach Spemann und Mangold. (A–E): Durch Verpflanzen eines Stücks der oberen Urmundlippe in die Bauchregion eines Empfängerkeims wird eine zweite Gastrulation und Neurulation ausgelöst. Es entstehen zwei bauchseitig verwachsene Embryonen. Das transplantierte Gewebe ist durch seine dunklere Pigmentierung unterscheidbar, es hat sich mit dem Gewebe des Empfängers verbunden und ist in verschiedenen Organen zu finden (Querschnitt). pU, sU primärer und sekundärer Urmund, sN sekundäres Neuralrohr, Ch Chorda, Da Darm, Nr Neuralrohr des sekundären Embryos.

Als **Organisator** wird ein Gewebebereich im Embryo bezeichnet, von dem entwicklungssteuernde Substanzen in angrenzende Gewebe abgegeben werden.

Induktion ist die Beeinflussung einer Zellgruppe durch Signale aus einer benachbarten Zellgruppe.

Wenn man die ungestörte Keimesentwicklung verfolgt (Abb. 94), dann zeigt sich, dass dort die Zellen der oberen Urmundlippe bei der Gastrulation in das Innere einwandern und das mesodermale Urdarmdach bilden. Vom Urdarmdach geht dann die Induktion der Neuralrohrbildung und damit der Differenzierung der Körperlängsachse aus. Noch einen Schritt weiter zurückverfolgt zeigt sich, dass in der oberen Urmundlippe die Zellen liegen, die das Plasma des grauen Halbmonds erhalten haben. Letztendlich ist also schon in der Zygote dieser induktive Bereich angelegt. Das erklärt auch, warum bei den Schnürungsexperimenten Teile des grauen Halbmonds für die vollständige Ausbildung eines Tieres erforderlich sind.

Das **Labyrinth** umfasst die Hör- und Gleichgewichtssinnesorgane im Innenohr von Wirbeltieren.

Auch im weiteren Fortschreiten der Differenzierung des Embryos treten Induktionen auf. Beispielsweise werden nach der Neuralrohrbildung die beiden Augenbecher aus dem Zwischenhirn ausgestülpt. Die Augenbecher induzieren dann im darüber liegenden Ektoderm die Ausbildung der Augenlinse. Ebenso werden von Hirnteilen die Bildung der Nase und der Ohrblasen induziert; vom Ohr geht etwas später wiederum eine induzierende Wirkung auf die Anlegung des Labyrinths aus (Abb. 115). Es liegt also eine hierarchische Folge von Induktionswirkungen vor.

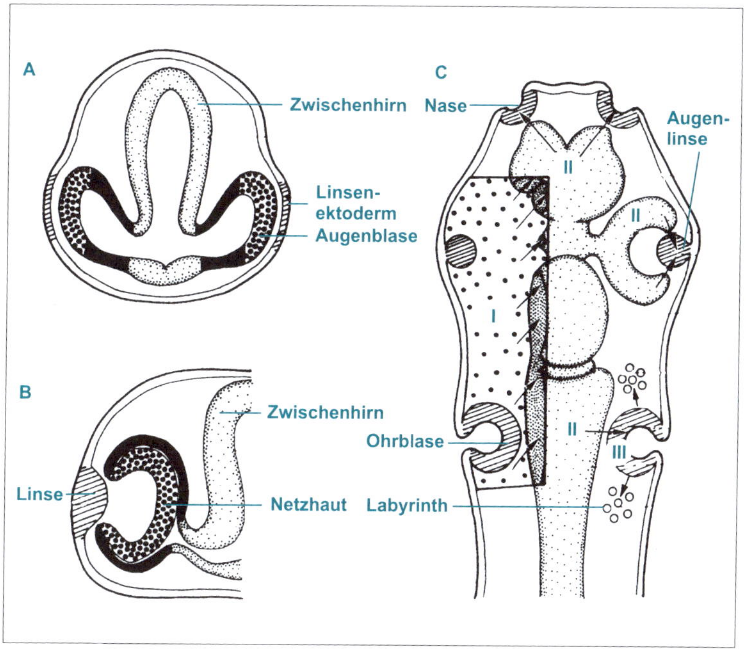

Abb. 115: Hierarchie der Induktionswirkungen bei Amphibien. (A) Bildung der Augenblase aus dem Zwischenhirn, (B) Induktion der Linsenbildung durch den Augenbecher. (C) Schema der hierarchischen Induktionswirkungen: I ursprüngliche Induktion des Gehirns durch das Urdarmdach, II und III nachfolgende Induktionen bei der Anlegung der Sinnesorgane.

3.2 Die molekularbiologische Deutung der Induktion

Die Befunde der genetischen Steuerung von Entwicklungsprozessen bei *Drosophila* können im Prinzip auch auf Wirbeltiere übertragen werden. Auch hier sind es hierarchisch gegliederte Genwirkungen, bei denen Genprodukte die Aktivität nachgeordneter Gene steuern. Auch die ersten Anfänge der räumlichen Orientierung des Keimlings zeigen Übereinstimmungen: Es sind außerhalb der Eizelle gelegene Impulse, die die Ausrichtung der Längsachse bewirken. Bei *Drosophila* ist es die einseitige Lage der Nährzellen, bei Amphibien die (zufällige) Eintrittsstelle des Spermiums.

Die vielfältigen Induktionswirkungen, die zur Differenzierung des Embryos führen, muss man sich ebenfalls grundsätzlich wie die für *Drosophila* beschriebenen Kaskaden der Genwirkung vorstellen. Bei der Differenzierung der Körperabschnitte durch die mesodermale Induktion bei Wirbeltieren sind wieder homeotische Gene aktiv, die über ihre Genprodukte untergeordnete Gene im Ektoderm aktivieren. Dabei ist auch hier eine unterschiedliche Wirkung in den Körperabschnitten festzustellen: Das vordere Mesoderm induziert Kopfbildung, während nahe am Urmund gelegenes Mesoderm Rückenmark und Rumpf induziert.

homeotische Gene
→ siehe S. 139 f.

Die homeotischen Gene der Wirbeltiere werden als **Hox-Gene** bezeichnet. Es ist allerdings bisher noch unbekannt, wodurch sie während der Gastrulation angeregt werden. Ebenso sind die vom Mesoderm ins Ektoderm ausgehenden Signalstoffe (Proteine) noch nicht eindeutig identifiziert, obwohl mehrere mögliche „Kandidaten" gefunden wurden. Es zeigen sich aber bei Wirbeltieren ebenfalls homeotische Mutationen, die z. B. beim Ausfall eines Hox-Gens zu einer Veränderung eines Körperabschnitts führen. Unterbindet man mit der „Knock-out-Methode" beim Mausembryo die Aktivität von Hoxb4, das die Bildung des 2. Halswirbels induziert, dann bildet sich an dieser Stelle der 1. Halswirbel noch einmal aus. Er ist leicht identifizierbar, da er als Atlas das Kopfgelenk besitzt.

Knockout-Gen
→ siehe S. 140

Der **Atlas** ist der oberste Halswirbel; er enthält die Gelenkgruben für die Gelenkhöcker am Hinterhaupt.

Homeobox → siehe S. 140

Nicht nur die Funktion der homeotischen Gene zeigt Entsprechungen zwischen Wirbeltieren und *Drosophila*, auch ihre Reihenfolge im Chromosom stimmt überein. Darüber hinaus sind die Homeobox-Sequenzen der Gene so ähnlich, dass man von einer gemeinsamen Abstammung ausgehen muss. Bei Wirbeltieren hat sich allerdings diese Gengruppe vervielfacht; bei Säugetieren liegen vier gleichartige Ketten auf vier Chromosomen verteilt vor (Abb. 116).

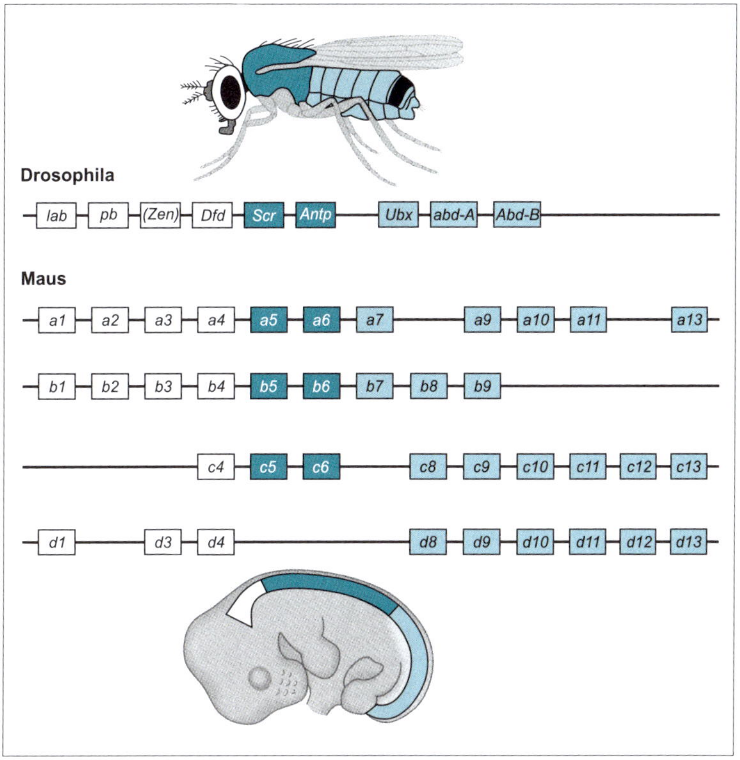

Abb. 116: Entsprechung der Lage und der Funktion von homeotischen Genen bei *Drosophila* und Maus. Die Abfolge der Gene im Chromosom entspricht zudem auch der Lage ihrer Wirkung in der Körperlängsachse.

Ähnlichkeit früher Embryonalstadien → siehe biogenetische Grundregel, S. 107

Die schon im 19. Jahrhundert entdeckte Ähnlichkeit früher Embryonalstadien kann daher auf genetischer Ebene bestätigt werden. Es zeigt sich hier sogar eine so weitgehende grundsätzliche Übereinstimmung, dass man davon ausgehen muss, dass Wirbellose und Wirbeltiere einen gemeinsamen Vorfahren haben, der dieses Genmuster besaß (Abb. 117). Die Grundprinzipien der Keimesentwicklung stellen offensichtlich ein sehr altes, stammesgeschichtlich konservatives Geschehen dar.

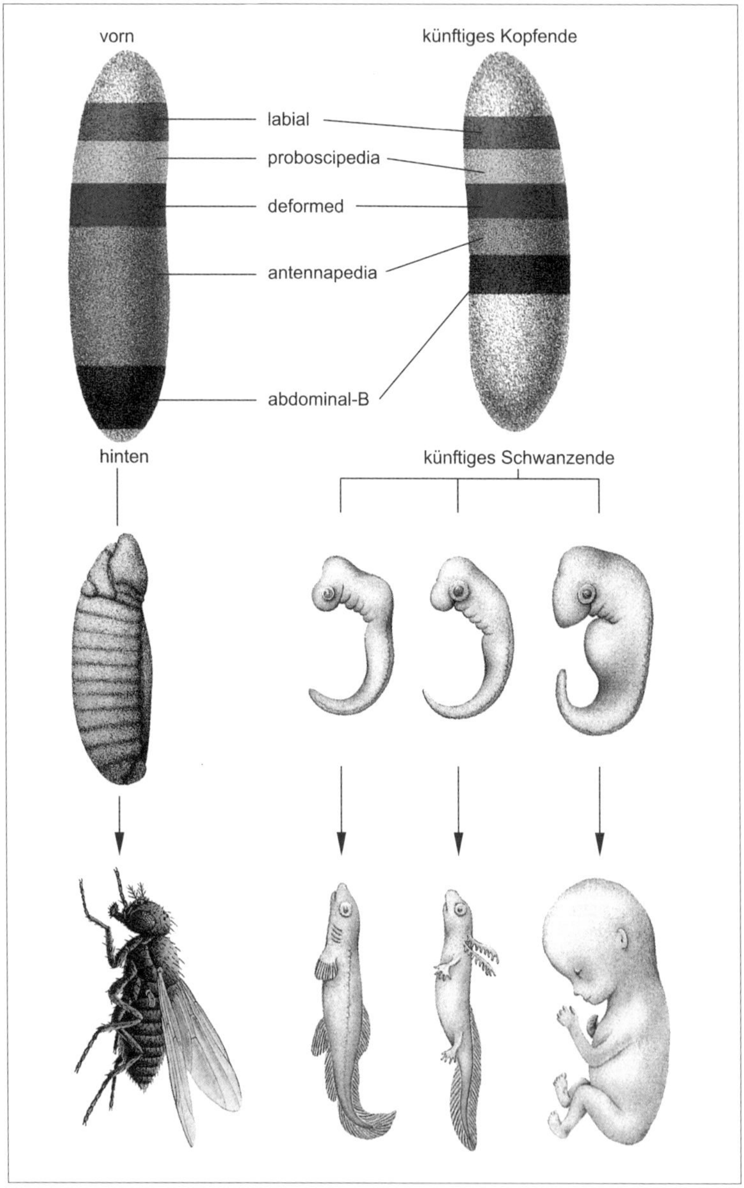

Abb. 117: Die schon lange bekannte Ähnlichkeit frühembryonaler Stadien bei Wirbeltieren wird ergänzt durch die Übereinstimmung in der Genaktivität frühester Entwicklungsstadien bei Wirbeltieren und Wirbellosen: Beide besitzen nah verwandte homeotische Gene, die in gleicher Abfolge die Strukturen der Körperlängsachse bestimmen.

Zusammenfassung – Die Steuerung der Entwicklungsprozesse

- Das Grundproblem der Keimesentwicklung ist die räumliche und zeitliche Differenzierung der Zellen, wobei die Kerne jeweils den vollständigen Genbestand enthalten. Unterschiedliche Zellen und Gewebe können also nur durch **differenzielle Genaktivität** entstehen.
- Die an der Entwicklung beteiligten Gene sind hierarchisch organisiert, d. h. die übergeordneten Gene erzeugen Genprodukte (Proteine), die nachgeordnete Gene anschalten. Dadurch wird schrittweise die Keimesentwicklung vorangetrieben, wie das Beispiel *Drosophila* zeigt:

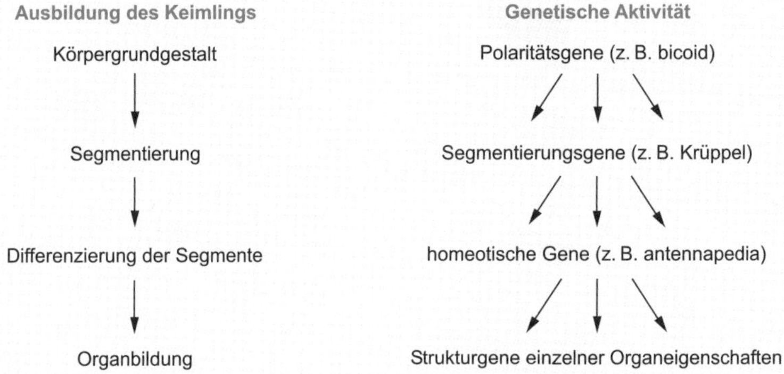

- Diese Kaskade von Genwirkungen ist möglich durch die **Homeobox**, die eine spezifische Aminosäurefolge im Protein festlegt, mit der das Protein sein Zielgen erkennt.
- Ein zweiter Faktor, der zur differenziellen Genaktivität führt, ist die Entstehung von **Gradienten** durch die Diffusion dieser Genprodukte. Nachgeordnete Gene reagieren in Abhängigkeit von diesem Konzentrationsunterschied. Ein einfacher Modellorganismus für die Untersuchung von Gradienten ist *Hydra*.
- Auch die klassischen Befunde am Amphibienkeim, Determination und Induktion, lassen sich auf dieses Grundmuster zurückführen. Die **Induktion**, also die Anregung einer Zellgruppe durch eine benachbarte, verläuft vermutlich genauso über die Diffusion eines Genprodukts, das dann in den Zielzellen neue Genaktivitäten auslöst.
- Ein zentraler Induktor in der Amphibienentwicklung ist die obere Urmundlippe bzw. das von ihr stammende mesodermale Urdarmdach, das die Neurulation hervorruft.
- **Determination** ist die Einengung der Entwicklungsmöglichkeiten von Zellen bzw. Geweben auf ihre zukünftige ortsgemäße Form und Funktion.
- Die ersten Auslöser des räumlichen Grundmusters sind häufig Faktoren, die von außen auf das Ei bzw. den Keim einwirken: bei *Drosophila* die von der Mutter stammenden Nährzellen, bei Amphibien die Eintrittsstelle des Spermiums, in der Insektenmetamorphose Umweltreize wie z. B. die Tageslänge.

Stichwortverzeichnis

Abbildungsnachweis

© *Alberts, B., et al.:* Molecular biology of the cell. Taylor & Francis Inc., New York [3]1994: Abb. 20 und 47

Campbell, N.: Biologie. Spektrum Akademischer Verlag, Heidelberg 1997 © Pearson Education: Abb. 4, 49 rechts, Kapitelbild 3 links, 57 B, 58, 59, 76, 78, 84 (außer links), 100 und 102

Czihak, Langer, Ziegler: Biologie. Springer Verlag, Berlin [6]1996: Abb. 32 (S. 142, Original Franke Heidelberg), Abb. 41 (S. 62, in Anlehnung an Schumacher, aus Mohr), Abb. 67 A (S. 270), Abb. 67 B (S. 271, aus Oehlkers) und Abb. 81 (S. 309, nach Vogel u. Angermann)

© *Engler, D.:* Syllabus der Pflanzenfamilien, Band II. Dunker & Humblot Verlag, Berlin 1960: Abb. 83

Feduccia, A.: The Age of Birds. Harvard University Press, 1980: Abb. 66 B und C

Fioroni, P.: Allgemeine und vergleichende Embryologie der Tiere. Springer-Verlag, Berlin 1987: Abb. 94 C (nach Vogt aus Balinsky 1970)

© *Frisch, K. v.:* Biologie. Bayerischer Schulbuch Verlag, München, [3]1967, S. 327: Abb. 93

Hadorn, E.: Experimentelle Entwicklungsforschung an Amphibien. Springer Verlag, Berlin 1961: Abb. 113 A (S.37, nach H. Spemann und H. Falkenberg ergänzt), Abb. 114 (S. 42, frei nach H. Spemann und J. Holtfreter) und Abb. 115 (S. 51, nach H. B. Adelmann)

Hauck, A., Quick, P.: Strukturen des Lebens. Metzler Verlag, Stuttgart 1986, S. 23 © Schroedel Verlag: Abbildung der Prozyte in Tab. 4

© *Hauck, A., Pfalzgrafenweiler:* Abb. 106 links

Harris, C. L.: Concepts in Zoology. Harper Collins, 1996, S. 799: Abb. 91

© *Heß, D.:* Die Blüte. Verlag Eugen Ulmer, Stuttgart [2]1990: Abb. 80 oben

Heß, D.: Genetik. Almqvist & Wiksell Förlag: Abb. 69

Jahn, T., Lange, H.: Die Zelle. Almqvist & Wiksell Förlag: Abb. 106 rechts und 107

© *Lüttge, U., Kluge, M., Bauer, G.:* Botanik. Ein grundlegendes Lehrbuch. Wiley-VCH Verlag 1989: Abb. 60 D, 62 (außer C), 65 A, 80 unten und 89

Mägdefrau, K.: Geschichte der Botanik. © Spektrum Akademischer Verlag, Heidelberg, Berlin 1992: Abb. 1

Markl, J.: Biologie der Organismen. © Spektrum Akademischer Verlag, Heidelberg, Berlin 1998, S. 179, 180 und 213: Abb. 117, Kapitelbild 5 und Abb. 68 A

Müller, A. W.: Entwicklungsbiologie. Gustav Fischer Verlag, Stuttgart [2]1999 © Springer Verlag, Berlin Heidelberg: Abb. 110, 112 links, 92, 113 B und C

Raven, P., et al.: Biologie der Pflanzen. Walter de Gryter, Berlin 1985, S. 41, S. 447: Kapitelbild 3 rechts und Abb. 84 links

Rohen, J.W., Lütjen-Drecoll, E.: Funktionelle Hisologie. Schattauer, Stuttgart, [2]1990, S. 82, 430: Abb. 18, 33 B, D und 77

© *Strack, D.:* Embryologie. Ein Lehrbuch auf allgemein biologischer Grundlage. Georg Thieme Verlag, Stuttgart [3]1975: Abb. 99

Strasburger, E.: Lehrbuch der Botanik. © Spektrum Akademischer Verlag, Heidelberg [34]1999: Abb. 5 und 50 A

© *Streble, H., Krauter, D.:* Das Leben im Wassertropfen. Frankh Kosmos Verlags GmbH, Stuttgart [9]2002: Abb. 9 A, 33 A, 49 links, 60 (außer D), 61 und 62 C

© *Thews, G., Mutschler, E., Vaupel, P.:* Anatomie, Physiologie, Pathophysiologie des Menschen. Wissenschaftliche Verlagsgesellschaft mbH, Stuttgart [5]1999: Abb. 40

© *Troll, W.:* Allgemeine Botanik. Georg Thieme Verlag, Stuttgart 1973: Abb. 8, 50 B, 52, 53, 54, 55 und 79

Ude, J., Koch, M.: Die Zelle, Atlas der Ultrastruktur. Gustav Fischer Verlag [2]1994, S. 42/43, 65, 71, 80, 103, 119, 191 und 275 © Spektrum Akademischer Verlag, Heidelberg, Berlin: Abb. 25, 29, 36, 26, 28, 30, 22 rechts oben und 9 C

von Sengbusch, P.: Botanik. McGraw-Hill Book Company GmbH, Hamburg 1989, S. 60: Abb. 85 (J. Sachs, 1887)

© *Wehner, R., Gehring, W.:* Zoologie. Georg Thieme Verlag, Stuttgart [23]1995: Abb. 94 A, B, 95, 96 und 111

Wolff, E.: Experimentelle Embryologie. Gustav Fischer Verlag, Stuttgart 1971, S. 5 (nach Patterson, 1913): Abb. 68 B

Wolpert, J.: Entwicklungsbiologie. Spektrum Akademischer Verlag, Heidelberg, Berlin 1999, © Oxford University Press: 65 B, 66 A, 70, 82, 97, 109, 116,

© *Wygasch, J., Paderborn:* Abb. 9 C

Folgende Abbildungen wurden von Peter Kornherr, Dorfen angefertigt:
Umschlagsbild, Abb. 22, 43, 45, 63, 64, 75, 98, 101, 103, 105

Der Verlag hat sich bemüht, die Urheber der in diesem Werk abgedruckten Abbildungen ausfindig zu machen. Wo dies nicht gelungen ist, bitten wir diese sich gegebenenfalls an den Verlag zu wenden.

Ihre Meinung ist uns wichtig!

Ihre Anregungen sind uns immer willkommen. Bitte informieren Sie uns mit diesem Schein über Ihre Verbesserungsvorschläge!

Titel-Nr.	Seite	Vorschlag

Bitte hier abtrennen

Kennen Sie Ihre Kundennummer?
Bitte hier eintragen.

Zutreffendes bitte ankreuzen!

Die Absenderin/der Absender ist:

- ☐ Lehrer/in in den Klassenstufen:
- ☐ Fachbetreuer/in
  Fächer:
- ☐ Seminarlehrer/in
  Fächer:
- ☐ Regierungsfachberater/in
  Fächer:
- ☐ Oberstufenbetreuer/in
- ☐ Schulleiter/in
- ☐ Referendar/in, Termin 2. Staatsexamen:
- ☐ Leiter/in Lehrerbibliothek
- ☐ Leiter/in Schülerbibliothek
- ☐ Sekretariat
- ☐ Eltern
- ☐ Schüler/in, Klasse:
- ☐ Sonstiges:

Unterrichtsfächer: (Bei Lehrkräften!)

Absender (Bitte in Druckbuchstaben!)

Name/Vorname

Straße/Nr.

PLZ/Ort/Ortsteil

Telefon privat

Geburtsjahr

E-Mail

Schule/Schulstempel (Bitte immer angeben!)

STARK Verlag
Postfach 1852
85318 Freising

19-V1T_NW

Bitte ausfüllen und im frankierten Umschlag an uns einsenden. Für Fensterkuverts geeignet.

Bitte hier abtrennen

(Bitte blättern Sie um)